utb 5252

Eine Arbeitsgemeinschaft der Verlage

Böhlau Verlag · Wien · Köln · Weimar
Verlag Barbara Budrich · Opladen · Toronto
facultas · Wien
Wilhelm Fink · Paderborn
Narr Francke Attempto Verlag / expert verlag · Tübingen
Haupt Verlag · Bern
Verlag Julius Klinkhardt · Bad Heilbrunn
Mohr Siebeck · Tübingen
Ernst Reinhardt Verlag · München
Ferdinand Schöningh · Paderborn
transcript Verlag · Bielefeld
Eugen Ulmer Verlag · Stuttgart
UVK Verlag · München
Vandenhoeck & Ruprecht · Göttingen
Waxmann · Münster · New York
wbv Publikation · Bielefeld

Karl-Heinz Krüger

Grundwissen Stochastik

UVK Verlag · München

Der Autor

Dr. Karl-Heinz Krüger lehrt Statistik für Wirtschaftsingenieure an der DHBW Baden-Württemberg.

Umschlagabbildung: © pxel66 · iStockphoto

Bibliografische Information der Deutschen Bibliothek
Die Deutsche Bibliothek verzeichnet diese Publikation in der Deutschen Nationalbibliografie; detaillierte bibliografische Daten sind im Internet über http://dnb.dnb.de abrufbar.

1. Auflage 2020

– ein Unternehmen der Narr Francke Attempto Verlag GmbH + Co. KG
Dischingerweg 5 · D-72070 Tübingen

Internet: www.narr.de
eMail: info@narr.de

Einbandgestaltung: Atelier Reichert, Stuttgart
CPI books GmbH, Leck

UTB-Nr. 5252
ISBN 978-3-8252-5252-6 (Print)
ISBN 978-3-8385-5252-1 (ePDF)

Inhalt

3 Zufall, Erwartung und Verteilung

4 Stichproben und Tests

Aufgaben und Lösungen

Von

Jakob I Bernoulli (1654–1705)

stammt eine der wichtigsten Erkenntnisse der Stochastik:

Wenn man beim n-maligen Wiederholen eines Zufallsexperiments die Zahl k der Erfolge zählt, dann kann k jeden Wert k = 0,1, … , n annehmen. Sonst wäre es kein Zufallsexperiment.

Haben alle n Wiederholungen die gleiche Einzelwahrscheinlichkeit p, dann hat das Zufallsereignis

E: «bei n Versuchen genau k Erfolge»

die Wahrscheinlichkeit

$$\mathrm{Prob}(E) = \mathrm{Bin}_{p;n}(k) :\overset{\text{def}}{=} \binom{n}{k} \cdot p^k \cdot (1-p)^{n-k}$$

Dabei ist

$$\binom{n}{k} :\overset{\text{def}}{=} \frac{n!}{k!\cdot(n-k)!} \qquad n! :\overset{\text{def}}{=} 2 \cdot 3 \cdot \ldots \cdot n \qquad 0! = 1! :\overset{\text{def}}{=} 1$$

Das Zufallsexperiment »Würfeln mit einem Würfel«
hat die sechs möglichen Ergebnisse

⚀ ⚁ ⚂ ⚃ ⚄ ⚅

Man nennt einen Würfel *ideal*, wenn er die sog.
LAPLACE-*Eigenschaft* besitzt, d.h. jedes der sechs möglichen
Ergebnisse hat die gleiche Wahrscheinlichkeit $p = 1/6$.

Betrachtet man das Würfeln einer ⚅ als Erfolg,
dann hat bei n=20 Versuchen ein k-maliger Erfolg
die Wahrscheinlichkeiten

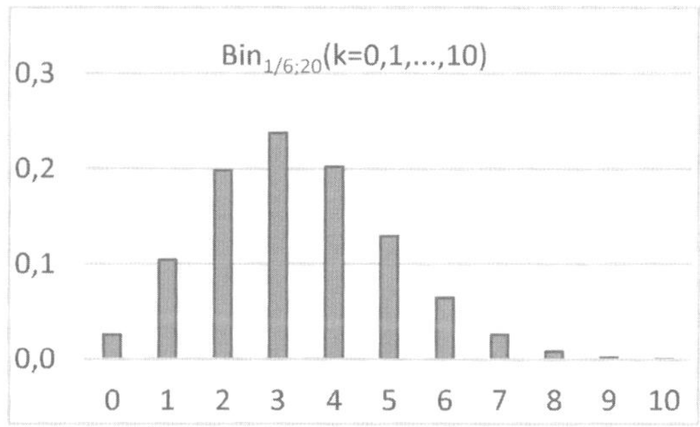

k=	0	1	2	3	4	5	6	7	8	9	10...20
1000·Bin=	26	104	198	238	202	129	65	26	8	2	<1

Was Sie vorab wissen sollten!

Dieses Taschenbuch behandelt das Thema *Stochastik*. Der Begriff *στοχαστικη τεχνη* stammt – wie vieles in der Mathematik – aus dem Griechischen. Dahinter steckt in lateinischen Buchstaben ausgedrückt *stochastike techne*, die *Kunst des Ratens oder Vermutens*. Ich fasse die Stochastik als *Wahrscheinlichkeitsrechnung und Statistik* auf.

Die folgenden Seiten sind aus einer Vorlesung an der Dualen Hochschule Baden Württemberg (DHBW) entstanden. Sie wenden sich vor allem an *Studienanfänger*, die aufbauend auf ihrem mathematischen Abiturwissen Stochastik lernen wollen ☺ oder müssen 😐. Das sind insbesondere WINT-Studierende. WINT steht für **W**irtschaft, **I**nformatik, **N**aturwissenschaft und **T**echnik.

Mir ist bewusst, dass der Begriff *Abiturwissen* angesichts der föderalen Strukturen unseres Schulsystems durchaus unkonkret ist. Ich habe deswegen in einem Kapitel ⟶ *Mathematisches Grundwissen* vorangestellt, das meiner Meinung nach den Schritt vom Abitur zur Hochschule erleichtern könnte. Leser, die über tiefgreifendere mathematische Kenntnisse verfügen, können diese Seiten gerne überblättern und als bekannt abnicken.

In den Vorlesungen höre ich von Studierenden oft, dass ihnen die Stochastik *fremder* als Nachbarthemen wie etwa Analysis, Differentialrechnung, Lineare Algebra oder Vektorgeometrie erscheint. Ich glaube, dass diese *Fremdheit* mit einem Mangel an Didaktik einhergeht. Deswegen berücksichtige ich auf den folgenden Seiten explizit Einwände, Anregungen und Kritik meiner Studierenden.

Kurze Bezeichner verwirren und ...

Beim Studium anderer Lehrbücher habe ich gelegentlich *sprechende Bezeichner* vermisst. Ich habe dabei an die allgemeine Mathematik mit Bezeichnern wie *sin, cos, log* ... oder an die Vektoranalysis mit *sprechenden Bezeichnern* wie *grad, div, rot* ... gedacht. Dabei kamen mir Bezeichner wie P(), E() und V() für wirklich wichtige zentrale Stochastikfunktionen wie *Wahrscheinlichkeit*, *Erwartungswert* und

Variation als *zu kümmerlich* vor. Hinzu kommt, dass solche *Aller-Welt-Bezeichner* für sonstige Funktionen tabu waren. Wenn man die Menge der Primzahlen kurz mit P bezeichnen möchte, dann kann man das für ***P**robability* reservierte P nicht mehr benützen, ohne Verwirrung zu stiften. Viele Autoren haben eine Mischform gewählt: zwar E(), aber dann Var() oder Bin() und Hyp() usw. Andere Autoren benützen besonders stilisierte Buchstaben wie $\mathbb{P}$() für die Wahrscheinlichkeit.

... sprechende Bezeichner fördern das Verständnis

Ich versuche in diesem Taschenbuch, ALLE wichtigen Größen der *Stochastik* durch etwas *längere und sprechende Bezeichner* etwas augenfälliger und hoffentlich einprägsamer rüberzubringen. Ich hoffe, die Gewöhnung an meine *gewöhnungsbedürftigen Bezeichner* gelingt, und auch der Vergleich mit anderen Autoren wird nicht über Gebühr erschwert. Die Suche nach *sprechenden Bezeichnern* hat mich dazu verführt, z.B. drei zentrale Begriff aller Stochastik: die *Wahrscheinlichkeit*, den *Erwartungswert* und die *Variation* mit *Prob(), Erw()* und *Var()* zu bezeichnen. Allerdings kürze ich in längeren Rechnungen oder Herleitungen oft wieder Prob() durch P() ab. Das wird dann aber immer extra erwähnt.

Diese *Verschwendung von Druckzeichen* ☺ habe ich zu kompensieren versucht, indem ich gewagte Abkürzungen wie *ZuEx, BeEx* oder *ZuZa* für die sehr häufig auftretenden Begriffe *Zufallsexperiment, BERNOULLI-Experiment* oder *Zufallszahl* benütze. Ich habe alle Bezeichner und Abkürzungen im Abschnitt ⟶ *Bezeichner* in einer Liste zusammengefasst.

Ich stelle gerne Formeln eines Themas in Form von Tabellen zusammen. Ich hoffe, dass die daraus resultierende Flut von Tabellen der Übersicht dient und dem Erlernen der wichtigsten Formeln hilft. Es gelang mir nicht, eine gewisse *Redundanz* in den vielen Tabellen zu vermeiden.

Von Studierenden werden in Prüfungen meist *Anwendungen, Formeln, Verfahren* und weniger ihre *Begründungen* gefragt. Ich habe daher die meisten Herleitungen, Begründungen und Beweise aus dem

Hauptteil entfernt und in den Anhang (⟶ Herleitungen) oder gar auf Hinweise zur Literatur (⟶ Literatur) verschoben.

EXCEL und Taschenrechner nutzen

Ich löse in diesem Taschenbuch numerische Probleme ausschließlich mit EXCEL und genieße dessen reichhaltiges Angebot an statistischen Funktionen (⟶ Numerik). Prüflinge werden in Klausuren wohl kaum über EXCEL verfügen. Ich rate daher dringend, Teile der dargestellten EXCEL-Berechnungen mit dem Taschenrechner (TR) nachzuvollziehen, der in der Prüfung zur Verfügung steht. Was der TR nicht kann, muss schlimmstenfalls Tabellen 😐 entnommen werden.

Ich halte es anno 2020 für überholt, Werte von stochastischen Funktionen *Tabellen* zu entnehmen. Trotzdem habe ich für Studierende, die in ihren Klausuren noch keine professionelle digitale Hilfsmittel nutzen dürfen, wenige Tabellen mit sparsamen Erklärungen am Ende des Buches angefügt.

Was ist Zufall?

Aller Stochastik liegt der Begriff *Zufall* zugrunde. Was dieser Begriff im menschlichen Denken wirklich meint, muss die Philosophie klären (oder zu klären versuchen). Ich versuche als Philosophielaie eine Annäherung an den Begriff *Zufall* durch zwei Beispiele von sog. *Zufallsexperimenten (ZuEx)*:

Wenn sich in einem Becher ein oder mehrere Würfel befinden und man den geschlossenen Becher erst kräftig schüttelt und dann die Würfel schwungvoll auf den Tisch schüttet, dann wird *allein vom Zufall* bestimmt, welche Seite jedes Würfels oben liegt. Der Würfler kann dies NICHT beeinflussen.

Wenn in einer Trommel 49 nummerierte Kugeln liegen, dann wird durch kräftiges Rühren deren Position innerhalb der Trommel *allein vom Zufall* bestimmt. Bei einer blinden Entnahme von sechs Kugeln kann niemand vorhersagen, welche es sein werden. Die *LOTTO-Fee* oder die LOTTO-Gesellschaft können das Ergebnis nicht beeinflussen.

Zu guter Letzt habe ich ein Kapitel mit → *Aufgaben* und deren *Lösungen* angehängt. Dazu ein Rat: Versuchen Sie gleich nach dem Studium eines Kapitels des Hauptteils die dazu gehörenden Aufgaben zu lösen und beachten Sie dabei die Tipps.

Danke

Ich danke meinem Sohn *Tim Felix Krüger* und seiner Ehefrau *Edith* für eine sehr genaue und kritische Durchsicht meines Manuskripts. Die Qualität des endgültigen *Werks* ist zu einem großen Teil ihren Bemühungen zu verdanken. Mein Sohn war außerdem eine große Hilfe beim Erstellen der Graphiken.

Ulm, im Sommer 2020
Karl-Heinz Krüger

Lust auf Stochastik

Ich versuche die Lust auf Stochastik durch einige recht populäre Fragestellungen zu wecken. Diese Fragen lauten oft: „Welche Chance habe ich ...?“ oder „Wie wahrscheinlich ist ...?“ Den Begriffen ***Chance*** und ***Wahrscheinlichkeit*** haftet dabei etwas Vages an, an das man sich gewöhnen muss.

Die Stochastik wurde um 1650 geboren, als französische Adelige am Hof von Ludwig XIV. in Versailles versuchten, sich ihre Langeweile mit Glückspielen zu vertreiben (→ 2.1).

Wenn man einem Würfelspieler sagt, seine Chance eine ⚅ zu würfeln sei 1/6 ≈ 17%, dann muss er begreifen, dass es *möglich* ist, dass er nach 30 Versuchen immer noch KEINE ⚅ gewürfelt hat. Allerdings ist dies *sehr unwahrscheinlich*. Die Stochastik sagt ihm, die Wahrscheinlichkeit dafür ist

$$\text{Prob(«nach 30 Würfen keine 6»)} = \left(\frac{5}{6}\right)^{30} \approx 0.0042 = 0.42\%, \qquad (1)$$

wobei der Zahlenwert 100% heißen würde: *Das Ereignis ist sicher*. Mehr als die Aussage (1) kann und will die Stochastik nicht leisten.

Ich verwende zur Angabe einer Wahrscheinlichkeit die Bezeichnung *Prob(«Ereignis»)*, abgeleitet vom englischen Begriff ***Probability***.

Man kann versuchen, den Würfelspieler zu trösten: Wenn 10 000 Spieler würfeln, dann wird es darunter mit großer Wahrscheinlichkeit 42 geben, die nach 30 Versuchen noch keine ⚅ erzielt haben. Aber selbst dies ist nicht *sicher*, sondern nur *sehr wahrscheinlich*.

Mit den folgenden Beispielen versuche ich die Lust auf Stochastik weiter zu steigern.

Beispiel: LOTTO

Aus 49 nummerierten Kugeln werden 6 zufällig gezogen. Ein Tipp versucht vorherzusagen, welche 6 Kugeln es sein werden.

- Wie viele verschiedene Tipps gibt es?
- Welche Chance auf $r = 0, 1, \ldots 6$ Richtige hat ein Tipp?
- Wie wahrscheinlich ist es, dass sich das gleiche LOTTO-Ergebnis nach n Ziehungen wiederholt?

Beispiel: TOTO

Bei einem TOTO-Tipp sind die Ergebnisse von 11 Fußballspielen mit einer der Angaben 0, 1, 2 vorherzusagen.

- Wie viele verschiedene Tipps sind möglich?
- Welche Chance auf $r = 0, 1, 2, \ldots, 11$ Richtige hat ein Tipp?

Beispiel: Party

Auf einer Party sind n Personen.

- Wie wahrscheinlich ist es, dass 2 Teilnehmer den gleichen Geburtstag (Tag, Monat) haben?
- Ab welcher Besucherzahl n ist die Wahrscheinlichkeit größer als 50%?

Beispiel: 3-Würfelspiel

Der Betreiber eines Spielsaloons bietet seinen Spielern an, mit 3 Würfeln in einem Becher gleichzeitig zu würfeln. Wenn der Spieler zuvor einen beliebigen Einsatz e gemacht hat, dann bietet der Spielbetreiber die Auszahlung $a/e = p|q|0$ an. Die Vielfache p und q richten sich danach ob die Augensumme eine Prim- oder eine Quadratzahl war. Der Spielbetreiber möchte nun durch sein Angebot seine Spieler zum Spielen verführen, aber gleichzeitig sein ökonomisches Überleben sichern.

- Welche Werte für p oder q sind möglich, welche sind sinnvoll?

Beispiel: Katholiken im Ausschuss

In einem Parlament, beispielsweise im Bundestag, gibt es N Abgeordnete, darunter K Katholiken. Es wird rein vom Zufall gesteuert ein Ausschuss mit $n<N$ Mitgliedern gebildet.

- Mit welcher Wahrscheinlichkeit sind im Ausschuss k Katholiken?

Beispiel: Überbuchen

Eine Fluggesellschaft (FG) macht die Erfahrung, dass bei vielen Flügen oft nicht alle Passagiere, die den Flug gebucht haben, diesen auch wirklich antreten. Sie verkauft daher mehr Tickets t als Sitzplätze s vorhanden sind. Erscheinen mehr als s Fluggäste, dann wird versucht, die zu viel erschienenen Fluggäste mit großzügigen Angeboten (Preisnachlass, Abendessen, Hotelübernachtung ...) zu einer Umbuchung zu bewegen. Der Manager der FG legt für einen bestimmten Flug t>s fest und möchte nun wissen:

- Wie wahrscheinlich ist es, dass 1, 2, 3, ..., t−s Passagiere umgebucht werden müssen?

Beispiel: Gruppen-Screening

Beim Eintritt der USA in den Zweiten Weltkrieg mussten Millionen von Rekruten medizinisch untersucht werden. Bei bestimmten Krankheiten reicht es, das Blut (oder den Urin) von n Rekruten zu mischen und diese Mischung zu untersuchen. Bei einem negativen Gruppenbefund sind alle n Rekruten dieser Gruppe gesund. Bei einem positiven Gruppenbefund sind weitere n Untersuchungen jedes einzelnen Rekruten notwendig. Es stellen sich zwei Fragen:

- Lässt sich durch Gruppenbildung die Zahl der notwendigen Untersuchungen verringern?
- Wenn ja, was ist dann die ideale Gruppengröße n?

Beispiel: Wahlprognosen

Das Wahlverhalten einer bestimmten Wählergruppe mit N Wahlberechtigten soll ermittelt werden. Alle N Wahlberechtigte dieser Gruppe zu befragen ist nicht möglich, weil zu langwierig, zu teuer. Es werden nur n≪N Wahlberechtigte befragt. Die Stochastik nennt so etwas eine *n-aus-N-Stichprobe*. Wegen n≪N hat diese Befragung eine gewisse *Irrtumswahrscheinlichkeit* (TW).

- Welche Obergrenze hat dieseTW bei gegebenem N und n?
- Wie viele Wahlberechtigte (n=?) muss man befrage, damit TW kleiner als ein vorgegebener Wert bleibt?

Beispiel: Schraubenproduktion

Eine Firma stellt Schrauben her und stellt fest, dass die Durchmesser D und Längen L streuen. Beide Maße sind normalverteilt und haben die Streuungen σ_D und σ_L. Der Firmenchef bestimmt, dass nur Schrauben verkauft werden, die um weniger als $\Delta D/D$ und $\Delta L/L$ vom Sollwert abweichen.

- Mit welchem Ausschuss muss er rechnen?

Ein persönliches Bekenntnis

Mein erster Kontakt mit der Stochastik erfolgte, als ich andere Teilgebiete der Mathematik (Differentialgleichungen, Vektorgeometrie, Vektoranalysis, ...) schon absolviert hatte. Allein schon die Fragestellungen der Stochastik betrachtete ich anfänglich mit einer gewissen Skepsis. Eine Ausnahme bildete die Kombinatorik, deren Fragestellungen und Ergebnisse ich von vorn herein als sinnvoll und nützlich empfand. Meine Skepsis gegenüber der Stochastik verschwand, als ich den Geniestreich des J.BERNOULLI kennenlernte, und ebenso beeindruckt haben mich die Beispiele *Überbuchte Flüge* und *Gruppen-Srceening*. Vielleicht macht der eine oder andere Stochastik-Newcomer ähnliche Erfahrungen.

Vorschau

In dieser Vorschau werden wesentliche Grundbegriffe und Gedanken der Stochastik kurz vorgestellt.

Die Stochastik beschäftigt sich mit »*Zufallsexperimenten*« ZuEx. Diese haben immer mehrere, oft viele mögliche »*Ergebnisse*« ω. Das »*Prinzip Zufall*« unterstellt, dass ein Ergebnis nicht vorhergesagt und vom Ausführenden nicht beeinflusst werden kann. Ein *Wahrsager* oder die *LOTTO-Fee* wären sonst schnell Multimilliardäre. Alle möglichen *Ergebnisse* ω eines ZuEx werden zur »*Ergebnismenge*« Ω zusammengefasst.

$$\Omega = \{\omega_1; \omega_2; \dots; \omega_n\} \quad n = |\Omega|$$

Eine *Teilmenge* von Ω wird »*Ereignis*« genannt. Dabei wird Ω selbst als »*sicheres Ereignis*« bezeichnet. Das besondere »*unmögliche Ereignis*« ∅, die leere Menge, hat KEINE *Ergebnisse*. Wie alle Mengen kann man *Ereignisse beschreiben* oder durch *Aufzählen ihrer Ergebnisse* angeben.

Ereignis

«Beschreibung» {Aufzählung} der Ergebnisse

Die »*Anzahl der Ergebnisse*« eines Ereignisses E bezeichne ich mit |E|.

Durch viele Wiederholungen eines ZuEx (Empirie) kann man die (*absoluten* und *relativen*) »*Häufigkeiten*« seiner *Ergebnisse* ermitteln. Der Begriff »*Wahrscheinlichkeit*« wird empirisch aus »*relativen Häufigkeiten*« entwickelt.

Die »*Wahrscheinlichkeitsfunktion*« Prob ordnet jedem *Ereignis* E eine reelle Zahl zu

$$Ereignis\ E \subseteq \Omega \rightarrow \langle wird\ zugeordnet \rangle \rightarrow \ Prob(E) \in [0 \dots 1]$$

wobei

$$0 = Prob(\emptyset) \leq Prob(E) \leq Prob(\Omega) = 1$$

Da Er<u>eig</u>nisse »*Mengen*« von Er<u>geb</u>nissen sind, spielen *Mengenbegriffe* eine große Rolle. Dazu gehören das *Gegenereignis* $\bar{\text{E}}$ sowie die *UND*- und *ODER-Verknüpfung* mit den wichtigen Eigenschaften:

$$Prob(\bar{E}) = 1 - Prob(E)$$

$$Prob(A \cup B) = Prob(A) + Prob(B) - Prob(A \cap B)$$

$$Prob(A \cap B) = Prob(A) \cdot Prob_A(B)$$

In der letzten Formel taucht die »*bedingte Wahrscheinlichkeit*« auf, der ein eigener Abschnitt (⟶ Abschnitt 2.5) gewidmet ist. Ein Meilenstein der Stochastik ist die BERNOULLI-Erkenntnis

$$Prob\begin{pmatrix} «bei\ n\ Wiederholungen\ eines\ ZuEx \\ genau\ k\ Erfolge» \end{pmatrix} = Bin_{p;n}(k)$$

Die Eigenschaften der wichtigen »*Binominalfunktion*« werden in ⟶ Abschnitt 2.5 ausführlich erläutert.

Ereignissen werden, soweit möglich, sog. »*Zufallzahlen*« (ZuZa) zugeordnet.

$$ZuEx\text{: } Ereignis\ E \subseteq \Omega \ \rightarrow \langle wird\ zugeordnet\rangle \rightarrow ZuZa\ Z \in \mathbb{Z} \mid \mathbb{R}$$

Man unterscheidet $Z\in\mathbb{Z}$ und $Z\in\mathbb{R}$ und spricht von »*diskreten*« und »*stetigen*« ZuZa. Der Unterschied *diskret* | *stetig* besteht vor allem darin, dass man statt Summen Σ Integrale ∫ bildet. Ich beschränke mich in dieser Vorschau auf die Betrachtung *diskreter ZuZa.*

Mit ZuZa gibt es »*ZuZa-Ereignisse*« und diese haben Wahrscheinlichkeiten. Die beiden wichtigsten sind

$$Prob(Z = k) \equiv P(k) \quad \text{und} \quad Prob(Z \leq k) \equiv F(k)$$

Dabei ist k ein beliebiger konkreter Wert der diskreten ZuZa Z. P wird »*Verteilung*« und F wird »*Verteilungsfunktion*« genannt, wobei immer alle möglichen k-Werte ins Auge gefasst werden. Im Hauptteil werden die wichtigsten *Verteilungen* der Stochastik

	diskret z ⟶ k		stetig z ⟶ = t | x	
Prob(Z = z)	$Bin_{p;n}(k)$	$Hyp_{N;K;n}(k)$	$Exp_{\mu}(t)$	$Norm_{\mu;\sigma}(x)$

ausführlich besprochen. ZuZa haben einen »*Erwartungs-Wert*« und eine »*Streuung*«. Beide werden in ⟶ Abschnitt 3.3 und ⟶ Abschnitt 3.4 ausführlich besprochen.

Im weiteren Verlauf wird die Beurteilung von Wahrscheinlichkeiten mittels »*Stichproben*« erläutert. Dabei wird häufig das folgende Prinzip angewandt: Für eine »*Irrtumswahrscheinlichkeit*« wird ein maximal-tolerierter Wert (oft α genannt) vorgegeben. Dann wird mit dieser Vorgabe auf gewisse Eigenschaften der unterstellten Verteilung geschlossen. Dies wird beim »*Signifikanz-*« und »*Chi-Test*« sowie zu den »*Konfidenzintervallen*« angewendet.

Bezeichnungen und Abkürzungen

Allgemeine Bezeichnungen und Abkürzungen

<table>
<tr><td>Bsp</td><td>Beispiel</td><td rowspan="4">jeweils ohne PUNKT</td></tr>
<tr><td>Abb</td><td>Abbildung</td></tr>
<tr><td>Tab</td><td>Tabelle</td></tr>
<tr><td>Def</td><td>Definition</td></tr>
<tr><td>TR</td><td>Taschenrechner</td><td></td></tr>
<tr><td>q.e.d.</td><td>quod erat demonstrandum (lat)</td><td>was zu beweisen war</td></tr>
<tr><td>invFkt</td><td>Inverse oder Umkehrfunktion</td><td>$y = Fkt(x)$
$\Leftrightarrow x = invFkt(y)$</td></tr>
<tr><td>x = a | b</td><td>x kann a oder b sein</td><td></td></tr>
</table>

Gleichheitszeichen

a := b	a wird durch b definiert	b =: a
a ≡ b	a und b bezeichnen das Gleiche	
$a \triangleq b$	für a wird b gefordert	$\sum_{alle\ \omega}\{prob(\omega)\} \triangleq 1$
a ≈ b	a ist ungefähr b	oft ist b ein gerundeter Zahlenwert
a ~ b	a wird durch b geschätzt	

Einige griechische Buchstaben sind in der Stochastik reserviert. Sie dürfen für keinen anderen Zweck verwendet werden!

ω	omega	das Ergebnis eines ZuEx	
Ω	Omega	Menge ALLER Ergebnisse eines ZuEx = Sicheres Ereignis	$\omega \in \Omega$ $E \subseteq \Omega$
μ	mü	Erwartungswert	Erw
σ	sigma	Streuung	σ^2 = Variation

φ	phi	Standardnormalverteilung	$Norm_{0;1}$
Φ	Phi	kumulierte Standardnormalverteilung	$NormSum_{0;1}$

Bezeichner der Stochastik

BinKo	Binomialkoeffizient	$\binom{n}{k}$ gesprochen ‚n über k‘
ZuEx	Zufallsexperiment	»Beschreibung«
BeEx(n)	BERNOULLI-Experiment	mit n Wiederholungen
E: «...»	Zufalls-Ereignis	«AugenSumme<5»
E= {...}		{2,3,4}
∅	unmögliches Ereignis	leere Menge (∅ ≠ Φ)
prob(ω)	elementare Wahrscheinlichkeit des Ergebnisses ω	engl: probability
Prob(E)	Wahrscheinlichkeit des Ereignisses E	
ZuZa	Zufallszahl	bevorzugt (groß) Z
ProbSum	kumulierte Wahrscheinlichkeit	ProbSum = ΣProb
Erw	Erwartungswert	μ
Var	Variation	σ^2
Bin	Binomialverteilung	$Bin_{p;n}(k)$
Hyp	hypergeometrische Verteilung	$Hyp_{N;K;n}(k)$
Poi	POISSON-Verteilung	$Poi_{\mu}(k)$
Exp	Exponentialverteilung	$Exp_{\mu}(t)$ ($\neq exp(t) = e^t$)
Norm	Normalverteilung	$Norm_{\mu;\sigma}(x)$

Chi	Chi-Verteilung	$Chi_g(x)$
Stud	Student- oder t-Verteilung	$Stud_g(x)$

Die Unterscheidung von prob und Prob ist etwas spitzfindig, da $prob(\omega) \equiv Prob(\{\omega\})$

Zu den Trennzeichen PUNKT, KOMMA und SEMIKOLON habe ich eine eigene (anglophile) Ansicht.

- Der PUNKT trennt in einer Dezimal-Zahl beide Teile, also ist $\pi \approx 3.1416$. Eine Folge ist: Es gibt keine sog. *Komma-Zahlen.*
- Das KOMMA und/oder das SEMIKOLON trennen in *Aufzählungen* Objekte voneinander. Wenn sich in einer Urne unter N Kugeln genau K schwarze befinden und man zieht zufällig n<N Kugeln, dann ist die Wahrscheinlichkeit, genau k schwarze zu erwischen, $Hyp_{N;K;n}(k)$
- Das Tausender-Trennzeichen ist bei mir ein Leerzeichen. Es gibt beim LOTTO-6aus49 $m = \binom{49}{6} = 13\,983\,816$ verschiedene Möglichkeiten.

Bei dem von mir verwendeten eingedeutschten EXCEL wurde leider ☹ der angelsächsische Dezimal-Punkt durch das deutsche Komma ersetzt und das Tausender-Trennzeichen wurde mit PUNKT bezeichnet.

Ich verwende oft den senkrechten Strich | für das logische *ODER.*

Numerik

> Die Numerik berechnet konkrete Zahlenwerte.

Vor dem Aufkommen von (Personal-)Computern, war es üblich, Werte stochastischer Funktionen Tabellen zu entnehmen. Solche Tabellen wurden von fleißigen Mathematikern erstellt. Mit dem Aufkommen elektronischer Rechner wurden diese Tabellen immer weniger wichtig. Wer heute (2020) stochastische Probleme numerisch lösen muss, kann bequem und elegant TR und vor allem PC-Rechenprogramme wie EXCEL benützen. Ich genieße und verwende in diesem Büchlein die reiche Vielfalt von EXCELs Stochastikfunktionen. Bei den mir bekannten TR ist der Umfang an Stochastikfunktionen leider sehr bescheiden.

Stochastikfunktionen

allgemeine | meine Bezeichnung	EXCEL-Bezeichnung (dt)
n!	FAKULTÄT(n)
Γ(x)	GAMMA(x)
$\binom{n}{k} \equiv \mathrm{BinKo}(n,k)$	KOMBINATIONEN(n;k)
Prob	
$\mathrm{Bin}_{p;n}(k)$	BINOM.VERT(k;n;p;c)
$\mathrm{Hyp}_{N,K,n}(k)$	HYPGEOM.VERT (k;K;n;N;c)
$\mathrm{Poi}_{\mu}(k)$	POISSON.VERT(k;μ;c)
$\mathrm{Exp}_{\mu}(t)$	EXPON.VERT(t;λ;c) (λ =1/μ)
$\mathrm{Norm}_{\mu,\sigma}(x)$	NORM.VERT(x;μ;σ;c)
$\mathrm{Chi}_{g}(x)$	CHIQU.VERT(x;g;c)
$\mathrm{Stud}_{g}(x)$	T.VERT(x;g;c)
invProbSum	
$\mathrm{invBinSum}_{p,n}(\alpha)$	BINOM.INV(n;p;α)
$\mathrm{invNormSum}_{\mu,\sigma}(p)$	NORM.INV(p;μ;σ)
$\mathrm{invChiSum}_{g}(p)$	CHIQU.INV(p;g)
$\mathrm{invStudSum}_{g}(p)$	T.INV(p;g)

Bei den VERTeilungen unterscheidet EXCEL durch einen letzten Parameter c (engl. *cumulated*), ob die kumulierte (c=1) oder die nichtkumulierte Verteilung (c=0) gemeint ist. Ich betone das kumuliert durch das Anhängsel *Sum*.

Ein besonderes Lob verdient EXCEL für die fx-Taste:

	A	B
1	n=	100
2	p=	0,4
3	k=	35
4	Bin=	1;B2;0)
5		
6		
7		

Funktionsargumente

BINOM.VERT

Zahl_Erfolge	B3	= 35
Versuche	B1	= 100
Erfolgswahrsch	B2	= 0,4
Kumuliert	0	= FALSCH
		= 0,049132824

⇒

	A	B
1	n=	100
2	p=	0,4
3	k=	35
4	Bin=	0,049
5		
6		
7		

In der EXCEL-Tabelle wird in der Zelle B4 die Wahrscheinlichkeit für k = 35 Erfolge eines BeEx mit n=100 Versuchen, einer Einzelwahrscheinlichkeit p=0.4 berechnet, also `BINOM.VERT(k;n;p;0)`. Meine Bezeichnung wäre: $\mathrm{Bin}_{p;n}(k)$.

Im angelsächsischen Sprachraum sind folgende Begriffe weit verbreitet:

englisch	kurz	unsere Bezeichnung (→ später)	
Probability-Distribution-Function	**PDF**	Prob(Z=k)	Verteilung
Cumulated-(Probability-) Distribution-Function	**CDF**	Prob(Z≤k)	Verteil(ungs)-funktion

Die Kürzel **PDF** und **CDF** sind daher auf einigen TR und in englischsprachigen PC-Programmen (z.B. *Mathematica*) zu finden.

1 Grundwissen

1.1 Mathematische Grundlagen

Primzahlen

Sie sind ein Mysterium der Mathematik. Zu ihnen gibt es bis heute ungelöste Fragen. Dabei ist ihre Definition sehr simpel:

> Eine Primzahl ist natürlich $\epsilon \mathbb{N}$ und >1. Sie hat außer 1 und sich selbst keinen Teiler.

Von den ersten Primzahlen:

$$\{2,3,5,7,11,13,17,19,23,29,31,37,41,43,47,\\ 53,59,61,67,71,73,79,83,89,97\}$$

sind 15 <50 und 25 <100.

Mehrfach-Summen und -Produkte

$$x_1 + x_2 + x_3 + \cdots + x_n \qquad =: \textstyle\sum_{i=1}^{n}\{x_i\}$$

$$x_1 \cdot x_2 \cdot x_3 \cdot \ldots \cdot x_n \qquad =: \textstyle\prod_{i=1}^{n}\{x_i\}$$

Die großen griechischen Buchstaben **Σ** (*sigma*) und Π (*pi*) entsprechen den lateinischen **S** und **P** und stehen für ***S****umme* und ***P****rodukt*. Dazu 2 Bsp:

$\sum_{i=1}^{n}\{i\} = \frac{n}{2} \cdot (n+1)$ der Geniestreich des jungen C.F. GAUSS

$\Pi_{i=1}^{n}\{i\} = n!$ gesprochen n-fakultät

Parameter und Argumente

Wie in der Tabelle der *Stochastikbezeichner* bereits angekündigt, bezeichne ich Funktionen mit *Parametern* und *Argumenten* in der Art:

$\mathrm{Fkt}_{\mathrm{Parameter}}(\mathrm{Argumente})$ oder $\mathrm{Fkt}_{\mathrm{p}_1;\mathrm{p}_2;\ldots}(\mathrm{x}_1;\mathrm{x}_2;\ldots)$

Ich verwende dabei wie EXCEL das Semikolon (;) als Trennzeichen, um Problemen mit Dezimalpunkt oder -komma aus dem Weg zu gehen.

Es gibt in der Stochastik mehrere Funktionen, deren Argument sich über ein Intervall erstreckt. Ich bezeichne dies mit: Fkt(a ... b)

Verschieben und Dehnen eines Funktionsgraphen

Man kann einen Funktionsgraphen waagrecht und senkrecht verschieben und/oder dehnen.

Tab 1: Verschieben und Dehnen von Funktionsgraphen $y = fkt(x)$

$\langle\rightarrow u\ ;\uparrow v\rangle$	$y - v = fkt(x - u)$	$y = v + fkt(x - u)$
$\langle\leftrightarrow p\ ;\ \updownarrow q\rangle$	$y/q = fkt(x/p)$	$y = q \cdot fkt(x/p)$

Man sollte sich merken: *Verschieben* $(\longrightarrow, \uparrow)$ heißt *subtrahieren* und *dehnen* $(\leftrightarrow, \updownarrow)$ heißt *dividieren*. Ich benütze hier als Funktionsbezeichner fkt(x) und nicht das übliche, kurze f(x), weil dieses in der Stochastik für die *Wahrscheinlichkeitsdichte stetiger Zufallszahlen* ($\longrightarrow$ Abschnitt 3.1) reserviert ist.

Bsp: In der Stochastik ist die Glockenfunktion

$$\varphi(x) = \frac{1}{\sqrt{2\pi}} \cdot \exp\left(-\frac{1}{2} \cdot x^2\right)$$

mit der Normiertheit: $\int_{-\infty}^{\infty}\{\varphi(x)\} = 1$ von großer Bedeutung. Durch eine x-Verschiebung und eine xy-Dehnung

$$\varphi(x) \ \Rightarrow\langle\rightarrow \mu\ ;\uparrow 0; \leftrightarrow \sigma\ ;\ \updownarrow 1/\sigma\rangle \Rightarrow \ \ \mathrm{Norm}_{\mu;\sigma}(x) = \frac{1}{\sigma} \cdot \varphi\left(\frac{x-\mu}{\sigma}\right)$$

wird aus φ die allgemeine, sog. *Normalverteilung*. Die gleichzeitige x-Dehnung um σ und y-Dehnung um 1/σ bewirkt, dass die Funktion *normiert* bleibt. Eine y-Verschiebung macht bei einer Verteilung der Stochastik keinen Sinn, weil sonst die Normiertheit verloren ginge.

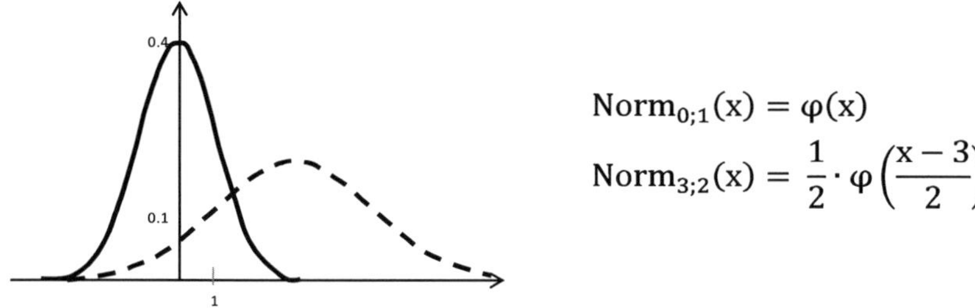

$$\mathrm{Norm}_{0;1}(x) = \varphi(x)$$

$$\mathrm{Norm}_{3;2}(x) = \frac{1}{2} \cdot \varphi\left(\frac{x-3}{2}\right)$$

Abb 1: Glockenfunktion und Normalverteilung

Umrechnen von Potenzen auf unterschiedliche Basen

Aus $b^x = c^z$ folgt durch Logarithmieren

$$\log_c(b^x) = x \cdot \log_c(b) = \log_c(c^z) = z$$

und damit die Umrechnung einer Potenz von einer Basis b auf eine andere c

$$b^x = c^{x \cdot \log_c(b)} \Rightarrow \langle c \longrightarrow e\text{=EULER-Zahl}\rangle \Rightarrow \quad b^x = e^{x \cdot \ln(b)}$$

Es lohnt sich, vor allem die letzte Formel mit EULERs e als Standardbasis einzuprägen.

Umkehrfunktion

$$y = \mathrm{Fkt}(x) \quad \Rightarrow \quad x = \mathrm{invFkt}(y)$$

Da alle Funktionen y-eindeutig sein müssen, kann eine Fkt nur dort invertiert werden, wo sie *monoton* ist. Ich halte die *angelsächsische Schreibweise* Fkt^{-1} für problematisch, da sie auch für den *Kehrwert* stehen könnte.

$$y = x^2 \Rightarrow y^{-1} = \begin{cases} x^{-2} & \text{Kehrwert} \\ \sqrt{x} & \text{inverse Funktion} \end{cases}$$

y = Fkt(x) und x = invFkt(y) haben zunächst noch den gleichen Graphen, es wurde ja nur die Funktionsgleichung umgestellt. Durch das Vertauschen $x \leftrightarrow y$ wird der Funktionsgraph an der ersten Winkelhalbierenden gespiegelt.

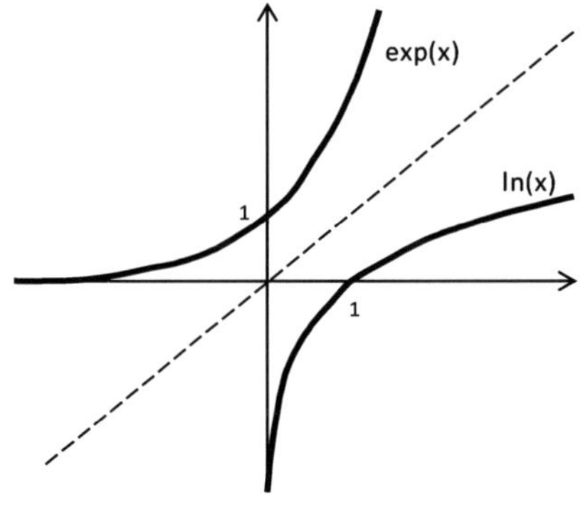

Die exp-Funktion
$y = \exp(x) \equiv e^x$
und ihre Inversion
$x = \ln(y)$
Vertauschen $x \leftrightarrow y$
$y = \ln(x)$
= Spiegeln an y=x

Abb 2: exp- und ln-Funktion

Tab 2: Beispiele zu Funktion und Umkehrfunktion

$y = \text{Fkt}(x)$	Einschränkung	$x = \text{invFkt}(y)$
$y = a \cdot x + b$	$a \neq 0$	$x = (y - b)/a$
$y = \exp(x)$	keine	$x = \ln(y)$
$y = x^2$	$x \geq 0$	$x = \sqrt{y}$
$y = x^3$	keine	$x = \sqrt[3]{y}$
$y = \sin(x)$	$-\pi/2 \leq x \leq \pi/2$	$x = \arcsin(y)$

Tab 3: Wichtige Summen und Grenzwerte

$\sum_{k=1}^{n}\{k\} = 1 + 2 + \cdots + n = \frac{n}{2} \cdot (n+1)$	vom jungen Genie C.F. GAUSS
$\lim_{n\to\infty} \left(1 + \frac{x}{n}\right)^n = e^x$	$\equiv \exp(x)$
$\sum_{k=0}^{\infty}\left\{\frac{x^k}{k!}\right\} = 1 + x + \frac{x^2}{2!} + \frac{x^3}{3!} + \cdots = e^x$	EULERs Zahl $e \approx 2.71828\ldots$
$\sum_{k=0}^{n}\{x^k\} = 1 + x + x^2 + \cdots + x^n = \frac{1-x^{n+1}}{1-x}$ $\xrightarrow[\lvert x\rvert<1;n\to\infty]{} \frac{1}{1-x}$	geometrische Reihe

Binomische Formel

Jeder kennt die Binomischen Formeln:

$$(a \pm b)^2 = a^2 \pm 2ab + b^2 \quad \text{und} \quad (a+b)\cdot(a-b) = a^2 - b^2.$$

Ich behandle $(a-b)^2$ als $(a+b)^2$ mit $b<0$ und kenne somit nur zwei Bin-Formeln. Die erste Bin-Formel wird auf höhere Exponenten $(a+b)^n$ verallgemeinert.

$$\begin{aligned}
(a+b)^2 &= (a+b)\cdot(a+b) = \ldots = 1a^2 + 2ab + 1b^2 \\
(a+b)^3 &= (a+b)^2\cdot(a+b) = \ldots = 1a^2 + 3a^2b + 3ab^2 + 1b^3 \\
(a+b)^4 &= (a+b)^3\cdot(a+b) = \cdots \\
&= 1a^4 + 4a^3b + 6a^2b^2 + 4ab^3 + 1b^4
\end{aligned}$$

Für beliebig große Exponenten n folgt so

Die allgemeine Binomische Formel (BinFo)
$(a+b)^n = \binom{n}{0}\cdot a^n\cdot b^0 + \binom{n}{1}\cdot a^{n-1}\cdot b^1 + \cdots + \binom{n}{n}\cdot a^0\cdot b^n$ $= \sum_{k=0}^{n}\left\{\binom{n}{k}\cdot a^{n-k}\cdot b^k\right\}$

Die $\binom{n}{k}$ werden *n über k* gesprochen und *Binomialkoeffizienten* (kurz BinKo) genannt; k kann die Werte k=0,1,2,...,n annehmen.

Tab 4: Eigenschaften der Binomialkoeffizienten (BinKos)

		PASCALs Dreieck
Randwerte	$\binom{n}{0} = \binom{n}{n} = 1$ $\binom{n}{1} = \binom{n}{n-1} = n$	{1} {1, 1}
Symmetrie	$\binom{n}{k} = \binom{n}{n-k}$	{1, 2, 1} {1, 3, 3, 1}
PASCAL-Rekursion	$\binom{n}{k} = \binom{n-1}{k-1} + \binom{n-1}{k}$	{1, 4, 6, 4, 1} {1, 5, 10, 10, 5, 1}
explizite Definition	$\binom{n}{k} := \frac{n!}{k!\cdot(n-k)!} \qquad 0! \overset{\text{def}}{=} 1$	{1, 6, 15, 20, 15, 6, 1}

In der Kombinatorik wird gezeigt:

Der Satz von den Teilmengen

Eine Menge Ω mit $n = |\Omega|$ Elementen hat
$\binom{n}{k}$ Teilmengen mit je k Elementen.
Sie hat insgesamt $\sum_{k=0}^{n} \binom{n}{k} = 2^n$ Teilmengen,
wobei die leere Menge $\varnothing$ mit k=0 und Ω selbst mit k=n dazu gehören.

Die Anzahl 2^n aller Teilmengen einer n-Menge folgt aus der BinFo mit a=b=1.

Die Regel von l'Hospital

Diese Regel behandelt Grenzwerte von Brüchen mit speziellen, zunächst unbestimmten Quotienten

$$\lim_{x \to \cdots} \left(\frac{u(x)}{v(x)}\right) = »\frac{0}{0} \mid \frac{\infty}{\infty}« = \lim_{x \to \cdots} \left(\frac{u'(x)}{v'(x)}\right) \qquad \text{L'Hospital}$$

Dies sollte nicht mit der Quotientenregel $\left(\frac{u}{v}\right)' = \frac{u' \cdot v - u \cdot v'}{v^2}$ verwechselt werden.

Bsp 1: $\lim_{x \to 0} \left(\frac{\sin x}{x}\right) = \left(\frac{0}{0}\right) \to (\text{l'Hospital}) = \lim_{x \to 0} \left(\frac{\cos x}{1}\right) = 1$
Bsp 2: $\lim_{x \to \infty} \left(\frac{x^n}{e^x}\right) = \left(\frac{\infty}{\infty}\right) \to (l'Hospital^n) = \cdots = \lim_{x \to \infty} \left(\frac{n!}{e^x}\right) = 0$

Mit Bsp 2 ist gezeigt: Für große x wächst die Exponential-Funktion e^x immer stärker als jede Potenz-Funktio x^n.

Die Produkt- oder partielle Integration

Aus der Produktregel des Ableitens folgt durch Integration

$$\int\{u \cdot v\}' = [u \cdot v] = \int\{u' \cdot v\} + \int\{u \cdot v'\}$$

oder umgestellt

$$\int\{u \cdot v'\} = [u \cdot v] - \underbrace{\int\{u' \cdot v\}}_{\text{ev. einfacher}}$$

Bei einer geschickten Verteilung der Faktoren u,v′ erscheint neben dem ausintegrierten [...] oft ein einfacheres Integral.

$$\text{Bsp 1: } \int \Big\{ \underbrace{x}_{u} \cdot \underbrace{e^{ax}}_{v'} \Big\} = \Big[x \cdot \frac{1}{a} e^{ax} \Big] - \underbrace{\int \Big\{ 1 \cdot \frac{1}{a} e^{ax} \Big\}}_{\text{einfacher}} = \Big[\frac{1}{a^2} \cdot (ax-1) \cdot e^{ax} \Big]$$

$$\text{Bsp 2: } \int \Big\{ \underbrace{x^2}_{u} \cdot \underbrace{e^{ax}}_{v'} \Big\} = \Big[x^2 \cdot \frac{1}{a} e^{ax} \Big] - \frac{2}{a} \cdot \underbrace{\int \{ x \cdot e^{ax} \}}_{\text{einfacher s.o.}} = \cdots$$

$$= \Big[\frac{1}{a^3} \cdot (a^2x^2 - 2ax + 2) \cdot e^{ax} \Big]$$

Solche Integrale werden bei der *Exp-Verteilung* (⟶ Abschnitt 3.5) für den *Erw* und die *Var* benötigt.

Die Gamma-Funktion

$$\Gamma(x) := \int_0^\infty t^{x-1} \cdot e^{-t} \cdot dt \quad (x \in \mathbb{R})$$

$$\Gamma(1) = \int_0^\infty e^{-t} \cdot dt = -[e^{-t}]_0^\infty = -0 + 1 = 1$$

Die Rekursion $\Gamma(x+1) = x \cdot \Gamma(x)$

folgt aus einer Produkt- oder partiellen Integration

$$\Gamma(x+1) = \int_0^\infty \underbrace{t^x}_{u} \cdot \underbrace{e^{-t}}_{v'} \cdot dt = -\underbrace{[t^x \cdot e^{-t}]_{t=0}^{t=\infty}}_{=0 \text{ für } x>0} + x \cdot \underbrace{\int_0^\infty t^{x-1} \cdot e^{-t} \cdot dt}_{=\Gamma(x)}$$

$$= x \cdot \Gamma(x)$$

Dabei wurde beachtet, dass

$$\frac{t^x}{e^t} \xrightarrow[x>0;t\to\infty]{} \left(\frac{\infty}{\infty}\right) \to (\text{L'Hospital}^x) \to 0.$$

Für natürliche $n \in \mathbb{N}$ folgt

$$\Gamma(n+1) = n!$$

In der Stochastik spielen halbzahlige Argumente eine Rolle:

$$\Gamma\left(\frac{1}{2}\right) = \sqrt{\pi} \quad \Gamma\left(n + \frac{1}{2}\right) = \frac{(2n)!}{n! \cdot 4^n} \cdot \sqrt{\pi}$$

Die STIRLING-Näherung

Die Fakultät n! wächst für große n gigantisch. Selbst EXCEL streikt ab 171! > 10^{308}. Hier hilft (manchmal) die *STIRLING-Näherung* weiter

$$n! \approx \sqrt{2\pi n} \cdot \left(\frac{n}{e}\right)^n \equiv st.$$

Tab 5: Zur STIRLING-Näherung

n=	10	50	100	150	170	**171**
n!=	3,63E+06	3,04E+64	9,33E+157	5,71E+262	7,26E+306	#ZAHL!
st=	3,60E+06	3,04E+64	9,32E+157	5,71E+262	7,25E+306	#ZAHL!
st/n!=	99,17%	99,83%	99,92%	99,94%	99,95%	#ZAHL!

Für n>9 unterscheiden sich die *Fakultät* und die *STIRLING-Näherung* (st) um weniger als 1%.

Stochastikprobleme führen manchmal auf Quotienten mit gigantischen Fakultäten in Zähler und Nenner aber der Quotient selbst ist klein. Mit der*STIRLING-Näherung* kann man manchmal eine Berechnung mit lauter *erträglichen* Zahlen erzielen. Ein Bsp:

$$\frac{k!}{n!} \approx \frac{k^{k+1/2}}{e^k} \cdot \frac{e^n}{n^{n+1/2}} = e^{n-k} \cdot \left(\frac{k}{n}\right)^{1/2} \cdot \frac{k^k}{n^n} = \left(\frac{e}{n}\right)^{n-k} \cdot \left(\frac{k}{n}\right)^{k+1/2}$$

Die NEWTON-Iteration

In der Schulmathematik wird intensiv das *Lösen von Gleichungen* trainiert. Man kann in Gleichungen immer alles auf die linke Seite bringen. Daher sind *das Lösen einer Gleichung* und *das Bestimmen der Nullstelle(n) (NSt) einer Funktion* gleiche Problemstellungen.

$$g(x) = 0 \;\Rightarrow\; x = \text{Lösung} \mid \text{NSt}$$

In der Schulmathematik werden viele Beispiele intensiv trainiert, bei denen eine *explizite Lösungsformel* existiert. Ein berühmtes Bsp ist die quadratische Geleichung

$$g(x) \equiv a \cdot x^2 + b \cdot x + c = 0 \Rightarrow (a \neq 0) \Rightarrow x = \left(-b \mp \sqrt{b^2 - 4 \cdot a \cdot c}\right)/2a$$

Für viele andere Gleichungen | Funktionen gibt es keine solche explizite Lösungsformel.

Bsp:

$$g(x) = a_m \cdot x^m + a_{m-1} \cdot x^{m-1} + \dots + a_0 = 0 \text{ für m>3}$$

$$g(x) = x^2 - \exp(x)$$

$$g(x) = x/2 - \sin(x)$$

Die NEWTON-Iteration geht davon aus, dass man einen guten *Startwert x_0 raten kann,* für den $g(x_0) \approx 0$ ist. Sie versucht ein besseres x_1 zu finden, das **dichter** bei der wahren Nullstelle liegt.

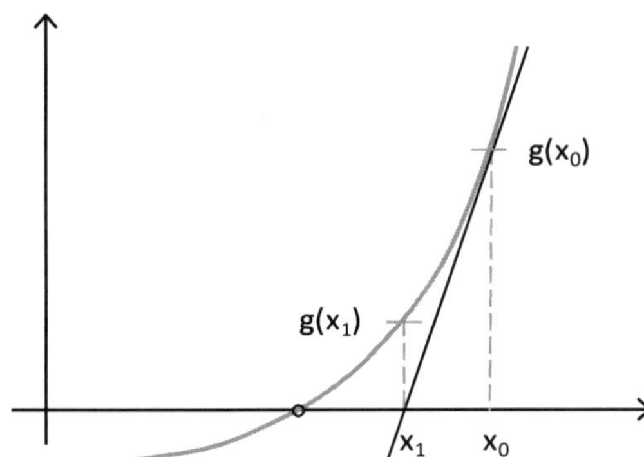

Die Tangente bei x_0 hat die Steigung $g'(x_0) = \frac{g(x_0)}{x_0 - x_1}$ Umgestellt erhält man die Formel der NEWTON-Iteration $x_1 = x_0 - \frac{g(x_0)}{g'(x_0)}$

Abb 3: Die Newton-Iteration

Mit sukzessivem $x_1 \longrightarrow x_0$ entsteht eine *Iteration.*

Partielle Ableitungen

Sie sind kein Abiturstoff, aber etwas sehr Einfaches. Es gibt Funktionen mit 2 und mehr Variablen.

Bsp: mit 2 Variablen x,y $\quad f(x;y) = x^2 \cdot \sin(y)$

Es gibt 2 verschiedene partielle Ableitungen

$$\left(\frac{\partial f}{\partial x}\right) = 2 \cdot x \cdot \sin(y) \quad \text{und} \quad \left(\frac{\partial f}{\partial y}\right) = x^2 \cdot \cos(y)$$

Das Ableitungssymbol benützt den *Differential-Quotienten* mit einem stilisierten ∂. Wichtig ist: Beim partiellen Ableiten wird die andere Variable als konstant angesehen.

1.2 Mengen

In einer *Menge* werden *Objekte unserer Anschauung und unseres Denkens* zu einer *neuen Einheit* zusammengefasst und mit einem *Überbegriff* bezeichnet. Solche *Überbegriffe* sind für unser logisches, mathematisches Denken und für unsere Kommunikation unverzichtbar.

Ein Bsp einer berühmten Menge der Mathematik:

Tab 6: Platonische Körper
= Körper begrenzt von gleichen, regelmäßigen Vielecken

Körper	Tetraeder	Hexaeder	Oktaeder	Dodekaeder	Ikosaeder
Oberfläche	4 Dreiecke	6 Quadrate	8 Dreiecke	12 Fünfecke	20 Dreiecke

Grafiken der *PLATON*ischen Körper findet man bei Wikipedia.

Wer sich *tetra = 4, hexa = 6, okta = 8, dodeka = 12, ikosa = 20* merkt, hat etwas (alt-)griechisch gelernt. Ein *Hexaeder* mit 6 Quadraten wird auch *Würfel* genannt. Man könnte alle 5 *PLATON*ische Körper als *Spielwürfel* verwenden.

L. EULER (1707–1783) konnte zeigen, dass es außer den 5 oben genannten keine weitere *PLATON*ische Körper gibt. Es gibt z.B. keinen Körper, der von regelmäßigen 6-Ecken begrenzt wird.

Tab 7: Weitere Bsp von Mengen

Menge	«Beschreibung»	{Aufzählung}	Mächtigkeit
JZ	«Jahreszeiten»	{Frühling,..., Winter}	|JZ|=4
PSS	«die Planeten unseres Sonnensystems»	{Merkur, Venus, Erde, Mars, ..., Neptun}	|PSS|=8 (*)
ℙ	«Primzahlen»	{2,3,5,7,...}	|ℙ|=∞

ℙ2	«zweistellige Primzahlen»	{11,13,...,97}	|ℙ2|=21
QZ	«Quadratzahlen»	{1,4,9,16,...}	|QZ|=∞
PZT	«pythagoräische Zahlentripel» $a^2+b^2=c^2$ a,b,c∈ℕ	{(3,4,5);(5,12,13); ...}	|PZT|=∞
KZT	«kubische Zahlentripel» $a^3+b^3=c^3$ a,b,c ∈ℕ	{ }	|KZT|=0

(*) Lange Zeit wurde *Pluto* als neunter Planet gezählt. Er wurde aber 2006 zum Miniplanet degradiert.

Die hier verwendete Symbolik werde ich durchgehend benützen.

Menge «Beschreibung» {Aufzählung} und |Menge|=Anzahl der Elemente

Man beachte die besondere Reihenfolge « » der französischen Anführungszeichen.

Man kann leicht einsehen, dass es «Beschreibungen» der *leeren Menge* ∅ mit |∅|=0 geben kann.

Bsp: «Kubische Zahlen-Tripel» = {.} = ∅.

Ein Kuriosum der Mathematik-Geschichte: *Der Satz von* FERMAT
Der Franzose DEFERMAT (1607-1665) notierte um 1640 am Rand einer mathematischen Veröffentlichung sinngemäß: Das Zahlentripel 3, 4, 5 ist *pythagoräisch*, da es die Eigenschaft $3^2 + 4^2 = 5^2$ besitzt.
Es gibt unendlich viele Zahlentripel $a, b, c \in$ℕ mit dieser pythagoräischen Eigenschaft $a^2 + b^2 = c^2$.
Bsp: $5^2 + 12^2 = 13^2$; $8^2 + 15^2 = 17^2$; $20^2 + 21^2 = 29^2$; ...
Es gibt aber keine solche ganzzahlige Tripel mit der Eigenschaft $a^3 + b^3 = c^3$ oder gar $a^n + b^n = c^n$ mit n>3. DEFERMAT behauptete weiter: Dies ist offensichtlich.
FERMAT's Problem war lange Zeit als eines der *ungelösten Probleme der Mathematik* bekannt. Viele Mathematiker (u.a. L. EULER) sind an einem Beweis gescheitert. Es hat ca. 350 Jahre gedauert, bis 1994 A.WILES, R.TAYLOR in einem denkwürdigen Vortrag in Cambridge

den Beweis erbrachten. Dies war ein Meilenstein der Mathematik-Geschichte.

Tab 8: Die Zahlenmengen der Mathematik: $\mathbb{N} \subset \mathbb{N}_0 \subset \mathbb{Z} \subset \mathbb{Q} \subset \mathbb{R} \subset \mathbb{C}$

natürlich	$\mathbb{N} = \{1,2,3,\ldots\}$ $\mathbb{N}_0 = \{0,1,2,3,\ldots\}$	zum Zählen
ganz	$\mathbb{Z} = \{\ldots, -2, -1, \pm 0, +1, +2, \ldots\}$	mit Vorzeichen
rational	$\mathbb{Q}$: «$q = z/n$ *mit* $z \in \mathbb{Z}$ *und* $n \in \mathbb{N}$»	Brüche
irrational	$\sqrt{2}, e, \pi, \ldots \notin \mathbb{Q}$	
reell	$\mathbb{R} = \{\ldots, \pm 0, \ldots, \sqrt{2}, \ldots, e, \ldots, \pi, \ldots\}$	alles Messbare
komplex	$\mathbb{C}$: «$z = x + i \cdot y$ *mit* $x, y \epsilon \mathbb{R}$ *und* $i^2 = -1$»	abstrakt

$\mathbb{C}$ ist *die Königin* aller Zahlenmengen der Mathematik. Sie hat fantastische Eigenschaften. Sie spielt aber in der Stochastik fast und bei mir überhaupt keine Rolle.

In der Stochastik sind sog. *Zufallszahlen* Z sehr wichtig. Der Unterschied $Z \in \mathbb{Z} \mid \mathbb{R}$ wird als *diskret* | *stetig* bezeichnet und eine große Rolle spielen.

Tab 9: Eigenschaften von Mengen und ihren Beziehungen

Ω	Grundmenge umfasst alle Elemente	Weltbevölkerung
$\varnothing$	leere Menge hat keine Elemente	$\lvert\varnothing\rvert = 0$
$\omega \in M$	ω ist Element der Menge M	Vereinsmitglied
$\omega \notin M$	ω ist KEIN Element der Menge M	kein Vereinsmitglied

$\lvert M\rvert \in \mathbb{N}_0$	die Zahl der Elemente von M	auch ‚Mächtigkeit' genannt
$\overline{\text{M}}$	Komplementärmenge ‚M NICHT'	enthält alle $\omega \notin$M
T ⊆ M	T ist Teilmenge von M	T=M ist möglich
T ⊂ M	T ist echte Teilmenge von M	es gibt Elemente mit $\omega \in$M und $\omega \notin$T
A ∪ B	Vereinigung	alle $\omega \in$A ODER $\omega \in$B
A ∩ B	Schnittmenge	alle $\omega \in$A U∩D $\omega \in$B
A ∩ B = ∅	disjunkte Mengen	Männer und Frauen
A ⊔ B	Vereinigung disjunkter Mengen	
A\B	A ohne B $= \text{A} \cap \overline{\text{B}}$	alle $\omega \in$A UND $\omega \notin$B

Die Schreibweise U∩D ist als Eselsbrücke gedacht.

Elemente einer Menge werden nie doppelt aufgeführt:

{2,3,5,6} ∪ {1,2,3,4,5} = {1,2,3,4,5,6} aber nicht {1,2,2,3,3,4,5,5,6}.

Mengen sind ungeordnet. Eine andere Reihenfolge in der Anordnung der Elemente ändert die Menge nicht. Ordnet man die Liste von Studenten eines Semesterkurses alphabetisch oder nach dem IQ (Alter, Körpergröße usw.), dann ist die Reihenfolge (i.d.R) eine andere, aber der Kurs ist der gleiche.

Man betrachtet oft Mengen A, B etc., die alle Teilmenge einer Grundmenge Ω sind.

Tab 10: Mengenbeziehungen, veranschaulicht durch VENN-Diagramme

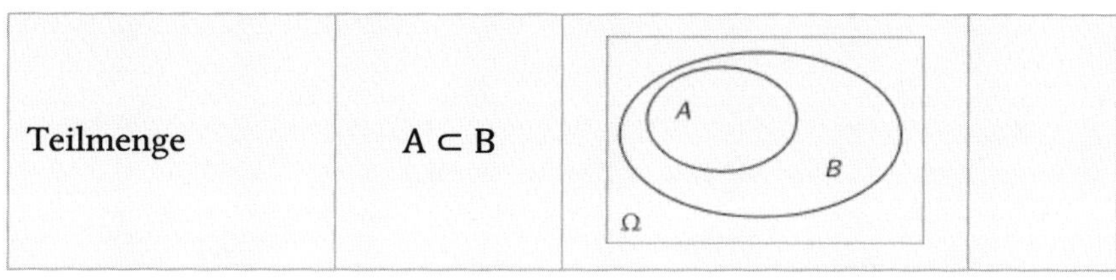

Teilmenge	A ⊂ B	[Diagramm]	

elementfremd = disjunkt	$A \cap B = \emptyset$	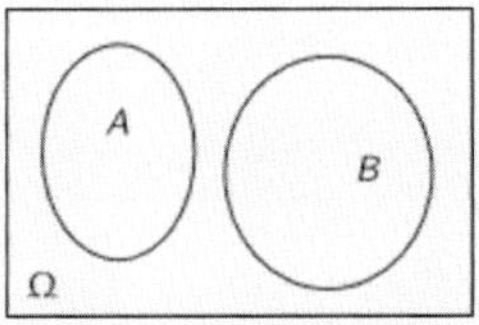 A B Ω	
Komplementär-menge	$\overline{A}$	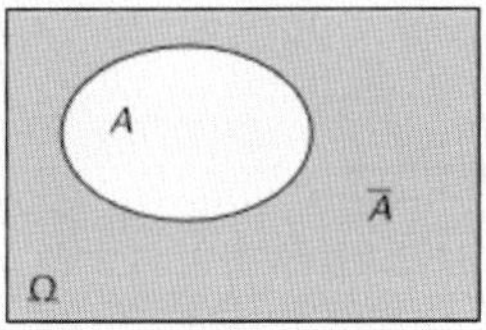 A $\overline{A}$ Ω	NICHT
Vereinigung	$A \cup B$	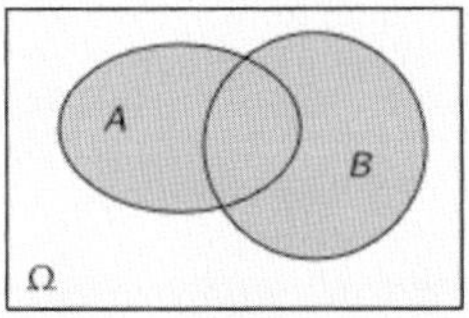 A B Ω	ODER
Schnitt	$A \cap B$	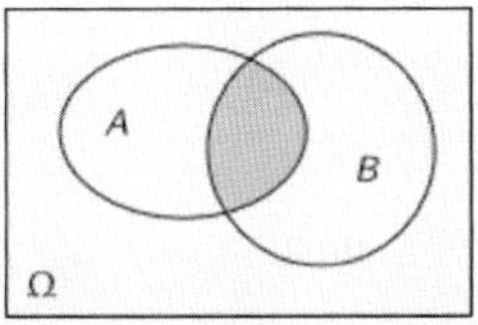 A B Ω	U∩D
Differenz	$A \backslash B$	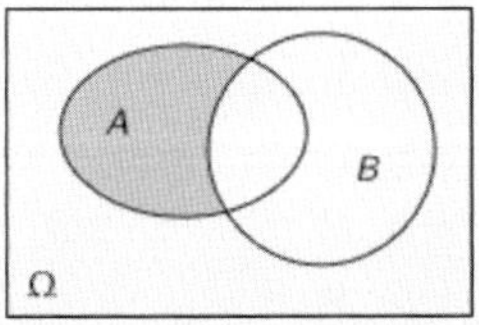 A B Ω	OHNE
Exklusiv-Oder	AxB	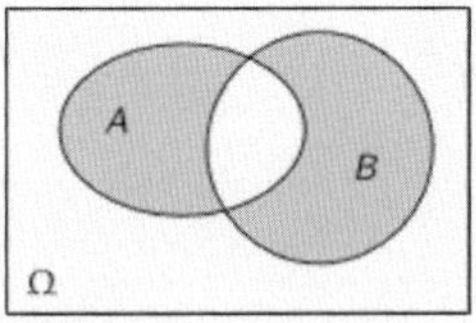 A B Ω	XOR

Zu beachten ist: ODER ist <u>inklusiv</u> gemeint.

Bsp: Wer eine ‚1' in Mathe ODER Physik hat, erhält ein Stipendium, wer beides hat, erst recht. Manche betonen das Inklusive durch die

Formulierung ,oder/ und'. Das Exklusiv-Oder XOR wird im Deutschen mit ,entweder oder' ausgedrückt, wobei

$$\text{AxB} = (A \backslash B) \sqcup (B \backslash A) = (A \cap \overline{B}) \sqcup (\overline{A} \cap B).$$

Für die beiden besonders wichtigen Mengenverknüpfungen UND und ODER gibt es auch eine schöne schaltungstechnische Darstellung, bei der das *Inklusive* von ODER leicht einzusehen ist.

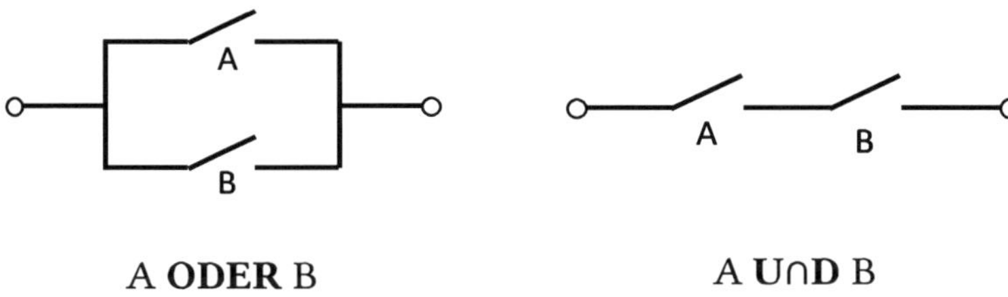

A **ODER** B A **U∩D** B

Abb 4: ODER und UND, visualisiert mit Schaltern

Für die *Mächtigkeit* zweier endlicher Mengen gilt

$$|A| + |B| = |A \cup B| + |A \cap B|$$

Bsp: In einem Ort gibt es einen Turn- und einen Gesangsverein, A und B. Beide Vereine planen einen gemeinsamen Ausflug, an dem alle Vereinsmitglieder teilnehmen. Der Organisator entscheidet zu Recht, dass er Busse mit

$$|A \cup B| = |A| + |B| - |A \cap B|$$

Plätzen bestellen muss. Ein Mitglied in beiden Vereinen, also ein *singender Turner* oder ein *turnender Sänger* benötigt nur einen Platz. Er wird bei $|A| + |B|$ doppelt gezählt. Dies wird durch das $-|A \cap B|$ korrigiert.

Tab 11: Vergleich von Formeln der Mengen- und der Zahlen-Algebra

Mengen-Algebra	Zahlen-Algebra	
$\overline{\overline{A}} = A$	$-(-a) = a$	doppelte Negation
$A \cap B = B \cap A$	$a + b = b + a$ $a \cdot b = b \cdot a$	kommutativ

$(A \cap B) \cap C$ $= A \cap B \cap C$	$(a+b)+c = a+b+c$ $(a \cdot b) \cdot c = a \cdot b \cdot c$	assoziativ
$A \cap (B \cup C)$ $= (A \cap B) \cup (A \cap C)$	$a \cdot (b+c) =$ $(a \cdot b) + (a \cdot c)$	distributiv
$A \cap \overline{A} = \emptyset$	$a + (-a) = 0$	
$A \cap \emptyset = \emptyset \quad A \cap \Omega = A$	$a \cdot 0 = 0$ $a \cdot 1 = a$	
$\overline{A \cap B} = \overline{A} \cup \overline{B}$		DEMORGAN

Der Vergleich ist z.T. *etwas gewagt*, da es keine konsequente Zuordnung $(\cap\cup) \longrightarrow (+\bullet)$ gibt. Die Mengenformeln können mit VENN-Diagrammen (=Mengenbilder) recht einfach bewiesen werden. Es wurde nur eine Hälfte der Mengengesetze aufgeführt. Die zweite Hälfte erhält man durch

Das Dualitätsgesetz der Mengen-Algebra
Aus einer gültigen Formel der Mengen-Algebra wird durch die Vertauschungen $\cap \leftrightarrow \cup$ und $\Omega \leftrightarrow \emptyset$ wieder eine gültige Formel der Mengen-Algebra.

Dies ist beim Distributivgesetz besonders verblüffend, weil es in der Zahlen-Algebra kein solch duales Distributivgesetz gibt:

$$a \cdot (b+c) = (a \cdot b) + (a \cdot c) \xrightarrow[(\cdot)\leftrightarrow(+)]{} a + (b \cdot c) \neq (a+b) \cdot (a+c)$$

Satz von den Mengenbeziehungen
Alle Mengenbeziehungen lassen sich mit NICHT, UND und ODER darstellen.

In der *Aussagenlogik* werden statt Mengen *Aussagen* betrachtet und es gelten völlig analoge Formeln. Die Verknüpfungen UND und ODER werden dort eckig dargestellt: $\wedge$ und $\vee$.

1.3 Kombinatorik

In der Kombinatorik wird die Grundfrage »Wie viele Möglichkeiten gibt es … « beantwortet.

Zur Einstimmung ein populäres Kombiproblem:

Ich habe als Dozent von den n Teilnehmern meiner Vorlesung eine alphabetisch sortierte Namensliste. Nach einer Klausur sortiere ich die Liste neu nach der erreichten Punktzahl. Diese Sortierung kann sich bei jeder der folgenden Klausuren ändern.

Es stellt sich die Kombifrage: Wie viele verschiedene Listen mit unterschiedlicher Sortierung (Anordnung) sind möglich?

Wenn ein Student (eventuell durch Protest) eine andere (bessere ☺) Note erhält, dann verändert (verbessert ☺) dies seinen Listenplatz und es ergibt sich eine neue Liste.

Die Anzahl der möglichen Listen ist:

$$M_{\text{Liste}} = n \cdot (n-1) \cdot \ldots \cdot 3 \cdot 2 =: n!$$

Begründung:

- auf dem ersten Listenplatz kann jeder der n Studenten stehen.
- auf dem zweiten Listenplatz kann jeder der restlichen (n-1) Studenten stehen.
- auf dem dritten Listenplatz kann jeder der restlichen (n-2) Studenten stehen.
- auf dem vorletzten Listenplatz kann einer der beiden letzten Studenten stehen.

Dass man multiplizieren muss, kann man sich mit dem Bsp n=3 leicht klar machen.

$$\underbrace{(a,b,c);(a,c,b)}_{\text{a an Stelle 1}};\underbrace{(b,a,c);(c,a,b)}_{\text{a an Stelle 2}};\underbrace{(b,c,a);(c,b,a)}_{\text{a an Stelle 3}}$$

$$6 = 3 \cdot \left(\underbrace{\text{Anordnungen von 2}}_{=2}\right)$$

Wenn ein viertes ‚d' hinzukommt, dann kann es an jeder der 4 Stellen stehen und drumherum gibt es jeweils die oben aufgezählten 6 Möglichkeiten der drei a, b, c.

Das n! wird *n fakultät* gesprochen und in EXCEL (dt) mit `FAKULTÄT(n)` aufgerufen.

Leider haben nur k von n Studenten die Klausur bestanden ☹. Es soll eine *Besten-* oder *Rangliste* der *Besteher* nach der erzielten Punktezahl erstellt werden. Diese Liste hat nur k≤n Plätze, da leider (n–k) Studenten die Klausur nicht bestanden haben ☹. Eine solche »k-aus-n-*Rangliste*« hat

$$M_{\text{RangListe}} = \underbrace{n \cdot (n-1) \cdot \ldots \cdot (n-(k-1))}_{\text{k Faktoren}}$$

Möglichkeiten. Auf dem letzten, dem k-ten Ranglistenplatz kann noch jeder der (k-1) nicht-durchgefallenen Studenten stehen.

Beim Lösen kombinatorischer Probleme scheinen mir 3 Begriffe hilfreich:

Tupel, Liste und Menge

■ Das k-Tupel

Ein *k-Tupel* hat k Plätze, auf denen verschiedene Werte stehen können. Das klassische Beispiel sind deutsche KFZ-Kennzeichen, die wie folgt aufgebaut sind: Ort XY ZZZ.

Der Ort ist vorgegeben. An den Stellen X und Y können je 26 verschiedene Buchstaben stehen. An der Stelle X kann auch ein Leerzeichen stehen. ZZZ steht für eine maximal dreistellige Zahl > 0. Also kann es $M = 27 \cdot 26 \cdot 999 = 701\,298$ verschiedene KFZ-Kennzeichen dieser Art geben. Bei einer Millionenstadt mit mehr als 700 000 Fahrzeugen muss man erhöhen: ZZZ ⟶ ZZZZ, und es ergeben sich $M \approx 7\ Millionen$ Möglichkeiten.

Eine Grundeinsicht aller Kombinatorik ist:
aus UND wird MAL

Wenn auf einem ersten Tupelplatz n_1 verschiedene Objekte **UND** auf einem zweiten Tupelplatz n_2 Objekte stehen können, dann gibt es für die Belegung beider Plätze $M = n_1 \cdot n_2$ Möglichkeiten.

Der engagierte Leser kann sich mit a,b für den ersten und 1, 2, 3 für den zweiten Tupelplatz leicht klar machen, dass es $\mathrm{M} = \mathrm{n}_1 \cdot \mathrm{n}_2 = 2 \cdot 3 = 6$ Möglichkeiten gibt.

Jeder Platz eines Tupels hat seine eigene Vorratsmenge mit je n_i Elementen.

Tab 12: Die Belegung eines k-Tupels

Jeder Platz ...	p_1	p_2	...	p_k
... wird belegt mit Elementen aus einer eigenen Vorratsmenge	↑	↑	...	↑
Jede der k Vorratsmengen hat eine eigene Zahl an Elementen	n_1	n_2	...	n_k

Die Anzahl verschiedener k-Tupel ist:

$$\mathrm{M}_{\mathrm{Tup}} = \mathrm{n}_1 \cdot \mathrm{n}_2 \cdot ... \cdot \mathrm{n}_\mathrm{k} \quad (2a)$$

Auf verschiedenen Plätzen können die gleichen Werte stehen, das hängt vom jeweiligen Vorrat ab.

Ein Sonderfall ist es, wenn alle Vorräte <u>die gleiche Anzahl</u> an Elementen enthalten, dann ist $n_1=n_2=...=n$ und

$$\mathrm{M}_{\mathrm{Tup;spezial}} = \mathrm{n}^\mathrm{k} \quad (2b)$$

Beim TOTO sind für k=11 Spiele jeweils n=3 Vorhersagen (0,1,2) zu machen.

$$\mathrm{M}_{\mathrm{TOTO}} = 3^{11} = 177\,147 \quad (2c)$$

■ Die k-aus-n-Rangliste

Sie wurde schon als Eingangsbeispiel geschildert. Danach hat eine *k-aus-n-Rangliste*

$$M_{RangListe} = n \cdot (n-1) \cdot (n-2) \cdot \ldots \cdot (n-k+1) \qquad (2d)$$

Möglichkeiten. Der Sonderfall k=n führt auf

$$M_{RangListe,alle} = n \cdot (n-1) \cdot (n-2) \cdot \ldots \cdot 1 =: n!$$

Man kann (2a) erweitern:

$$M_{RangListe} = n \cdot (n-1) \cdot (n-2) \cdot \ldots \cdot (n-k+1) \cdot \frac{(n-k) \cdot (n-k-1) \cdot \ldots \cdot 1}{(n-k) \cdot (n-k-1) \cdot \ldots \cdot 1}$$

und erhält die wichtige und einprägsame Formel

$$M_{RangListe} = \frac{n!}{(n-k)!} \qquad (2e)$$

Damit diese Formel auch im Sonderfall n=k gilt, definiert man:

$$0! \stackrel{def}{=} 1.$$

Die Formel (2e) ist für die gesamte Kombinatorik als *Ranglistenformel* sehr wichtig. Man kann sie wie folgt interpretieren: Von n Teilnehmern eines Wettbewerbs gibt es n! verschiedene Anordnungen. Werden davon k≤n als ‚Beste' in einer *Rang-Liste* mit Anordnung geführt, dann ist die Anordnung der (n–k) nicht berücksichtigten belanglos. Für sie gibt es (n-k)! mögliche Anordnungen; damit ist zu dividieren. Viele Kombi-Lösungen beruhen darauf, das Ranglistenproblem zu erkennen (⟶ Aufgaben) und n sowie k richtig zuzuordnen.

■ Die k-aus-n-Teilmenge

Die **n-Menge** wurde schon in ⟶ Abschnitt 1.2 behandelt.

In der Ranglisten-Formel (2e) ist der Zähler (n!) die Zahl aller möglichen Anordnungen in einer n-Liste. Der Nenner (n–k)! reduziert dies um die Anzahl der Anordnungen der (n-k) Elemente, die in der Rangliste nicht vorkommen. Wenn auch die Anordnung (Reihenfolge) der k Listen-Plätze keine Rolle spielt, dann muss man noch durch k! teilen:

$$M_{\text{TeilMenge}} = \frac{n!}{k!\cdot(n-k)!} =: \binom{n}{k} \equiv \text{BinKo}(n;k)$$

Ein klassisches Teilmengenproblem ist *LOTTO*-6aus49 mit

$$M_{\text{LOTTO}} = \binom{49}{6} = 13\,983\,816$$

Möglichkeiten. Mit EXCEL berechnet man BinKo(n;k) als `KOMBINATIONEN`(n;k)

Wem das Teilmengen-Problem besonders naheliegt, der löst das Ranglisten-Problem oft auch wie folgt:

- man wählt von n Objekten k aus (Teilmengenproblem) $\rightarrow M_1 = \binom{n}{k} = \frac{n!}{k!\cdot(n-k)!}$
- UND bildet von den k Auserwählten alle möglichen Anordnungen $\rightarrow M_2 = k!$
- aus UND wird MAL, und es folgt das bekannte $M_{\text{RangListe}} = M_1 \cdot M_2 = \frac{n!}{(n-k)!}$.

Kombiproblem: Ausschuss

In einer Urne befinden sich N durchnummerierte Kugeln mit verschiedenen Farben, darunter K schwarze. Es wird eine Stichprobe mit n Kugeln zufällig entnommen. Wenn unter den n entnommenen Kugeln k schwarze Kugeln sind, dann gibt es dafür

$$M_{\text{Aus}} = \binom{K}{k} \cdot \binom{N-K}{n-k} \text{ Möglichkeiten.}$$

Bsp: Ein Parlament hat N Mitglieder, darunter K Katholiken. Es wird ein Ausschuss mit n Mitgliedern, darunter k Katholiken gebildet. Man muss von den K Katholiken k UND von den (N−K) Nicht-Katholiken (n−k) auswählen. Das Produkt ist wieder leicht ☺ einzusehen.

Tab 13: Eine Zusammenstellung wichtiger Formeln der Kombinatorik

RangListe	$M_{\text{RangListe}} = \frac{n!}{(n-k)!}$
Sonderfall k=n	$M_{\text{RangListe}} = n! \qquad 0! \stackrel{\text{def}}{=} 1$

Teilmenge	$M_{TeilMenge} = \frac{n!}{k!\cdot(n-k)!} \equiv \binom{n}{k} \equiv \text{BinKo}(n;k)$
Sonderfall LOTTO	$M_{LOTTO} = \binom{49}{6} = 13\,983\,816$
Tupel	$M_{Tup} = n_1 \cdot n_2 \cdot \ldots \cdot n_k$
Sonderfall gleiche n	$M_{Tup} = n^k$
Sonderfall TOTO	$M_{TOTO} = 3^{11} = 177\,147$
Ausschuss	$M_{Aus} = \binom{K}{k} \cdot \binom{N-K}{n-k}$

Man kann einige der wichtigen Kombi-Formeln auf das *kombinatorische »k-aus-n-Urnen-Problem«* zurückführen. Aus einer Urne mit n unterscheidbaren Kugeln werden nacheinander zufällig k Kugeln gezogen. Man unterscheidet nun,

- ob nach einer Ziehung die gezogene Kugel wieder zurückgelegt und neu gemischt wird, und
- ob bei der Ziehung auf die Reihenfolge geachtet wird oder nicht.

Tab 14: Die Zahl der Möglichkeiten M des »k-aus-n-Urnenproblems«

		Zurücklegen		
		ja	nein (k≤n)	
Reihenfolge	ja	TOTO $M_{rz} = n^k$	Rangliste $M_{r\bar{z}} = \frac{n!}{(n-k)!}$	Variationen
Reihenfolge	nein	Urne $M_{\bar{r}z} = \binom{n+k-1}{k}$	LOTTO $M_{\bar{r}\bar{z}} = \binom{n}{k}$	Kombinationen

Manche unterscheiden die Reihenfolge Ja/Nein als Variation/Kombination. Diese Begriffsunterscheidung hilft einem beim Lösen von Kombiproblemen aber wenig.

1.4 Regression

Die Regressionsgerade

In einem Versuch werden zwei Größen x und y gemessen. Ein Bsp wäre es, den Wasserdruck y abhängig von der Tauchtiefe x zu untersuchen. Die n Messpunkte werden in einem xy-Koordinatensystem visualisiert.

xi	yi	xi·yi	xi²		
0	0,5	0	0	a=	**1,17**
1	1,2	1,2	1	b=	**0,27**
2	2,8	5,6	4		
3	3,5	10,5	9		
4	4,5	18	16		
5	7	35	25		
6	7	42	36		
7	8,5	59,5	49		
3,5	**4,4**	**21,5**	**17,5**		

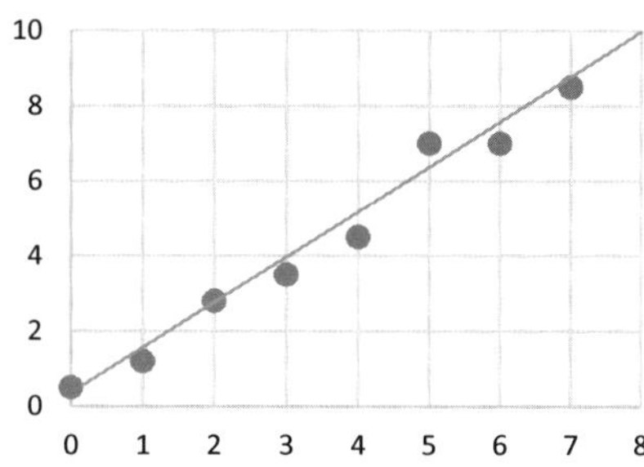

Abb 5: Ein Bsp einer Regressionsgerade

Die n Messpunkte scheinen auf *einer* Geraden zu liegen: $g(x) = a \cdot x + b$. Man möchte nun die Parameter a und b *der* Geraden bestimmen, die *am besten passt.*

C. F. GAUSS schlug vor, dass man dazu **die Summe der (y-Abstände)² minimieren solle**; d.h.

$$Q(a, b) := \sum_{i=1}^{n} (y_i - g(x_i))^2 = \sum_{i=1}^{n} (y_i - (a \cdot x_i + b))^2 \rightarrow \text{minimal}$$

Q hängt von den gegebenen n Messwertpunkten und den beiden gesuchten Parametern a und b ab. Im Minimum (Tiefpunkt) einer solchen Funktion zweier Variablen Q(a,b) müssen ihre *partiellen Ableitungen* Null sein:

$$\left(\frac{\partial Q}{\partial a}\right)_b = \sum_i \{2 \cdot (y_i - a \cdot x_i - b) \cdot (-x_i)\} = 2n \cdot \left(\overline{x^2} \cdot a + \bar{x} \cdot b - \overline{xy}\right) \triangleq 0$$

$$\left(\frac{\partial Q}{\partial b}\right)_a = \sum_i \{2 \cdot (y_i - a \cdot x_i - b) \cdot (-1)\} = 2n \cdot (\bar{x} \cdot a + b - \bar{y}) \triangleq 0$$

Ich habe $\sum_i\{1\} = n$ beachtet und folgende Abkürzungen eingeführt:

$$\overline{x^k} := \frac{1}{n} \cdot \sum_i\{x_i^k\} \ (k=1,2) \qquad \bar{y} := \frac{1}{n} \cdot \sum_i\{y_i\} \qquad \overline{xy} := \frac{1}{n} \cdot \sum_i\{x_i \cdot y_i\}$$

Das so entstandene lineare (2x2)-Gleichungssystem lässt sich leicht ☺ lösen

$$\begin{pmatrix} \overline{x^2} & \bar{x} \\ \bar{x} & 1 \end{pmatrix} \cdot \begin{pmatrix} a \\ b \end{pmatrix} = \begin{pmatrix} \overline{xy} \\ \bar{y} \end{pmatrix} \quad \Rightarrow \quad \begin{array}{lcl} a & = & (\overline{xy} - \bar{x} \cdot \bar{y}) / (\overline{x^2} - \bar{x}^2) \\ b & = & \bar{y} - a \cdot \bar{x} \end{array} \tag{1}$$

Die Ausgleichsgerade

$$g = a \cdot x + \underbrace{b}_{\bar{y} - a \cdot \bar{x}} \quad \Rightarrow \quad g - \bar{y} = a \cdot (x - \bar{x})$$

geht immer durch den Schwerpunkt $(\bar{x}; \bar{y})$ der **Wolke der Messpunkte**.

In der → Tabelle in Abb 5 ist eine entsprechende Berechnung mit 8 konkreten Messpunkten durchgeführt.

Es bleibt noch zu zeigen, dass für Q(a,b) tatsächlich ein Minimum vorliegt. Man benötigt dazu die partiellen 2-ten Ableitungen

$$\left(\frac{\partial^2 Q}{\partial a^2}\right) = 2n \cdot \overline{x^2} \qquad \left(\frac{\partial^2 Q}{\partial b^2}\right) = 2n \qquad \left(\frac{\partial^2 Q}{\partial a \; \partial b}\right) = 2n \cdot \bar{x}$$

Für ein Minimum muss die Hesse-Matrix positiv definiert sein [11]

$$\left(\frac{\partial^2 Q}{\partial a^2}\right) \cdot \left(\frac{\partial^2 Q}{\partial b^2}\right) - \left(\frac{\partial^2 Q}{\partial a \; \partial b}\right)^2 = 4n^2 \cdot \left(\overline{x^2} - \bar{x}^2\right) = 4n^2 \cdot \overline{(x - \bar{x})^2} > 0$$

Im letzten Schritt wurde die Steiner-Vereinfachung benützt

$$\overline{(x - \bar{x})^2} = \overline{(x^2 - 2x\bar{x} + \bar{x}^2)} = \overline{x^2} - 2\bar{x}\bar{x} + \bar{x}^2 = \overline{x^2} - \bar{x}^2$$

Nicht-lineare Regressionsprobleme

Das oben geschilderte Verfahren geht prinzipiell auch für einige nicht-lineare Funktionen, bei denen die Gerade $y(x) = a \cdot x + b$ durch einen anderen Funktionstyp ersetzt wird z.B.

Tab 15: Bsp nicht-linearer Regressionsrobleme

1	Quadratische Parabel	$y(x) = a \cdot x^2 + b \cdot x + c$	$Q(a, b, c)$
2	Exponential-funktion	$y(x) = a \cdot \exp(b \cdot x)$	$Q(a, b)$
3	Glocken-funktion	$y(x) = \frac{1}{\sqrt{2\pi}} \cdot \exp\left(-\frac{1}{2} \cdot \left(\frac{x-a}{b}\right)^2\right)$	
4	Gravitations-gesetz	$y(x) = a/x^2$	$Q(a)$

Das GAUSS-Prinzip bleibt dabei erhalten

$$Q(a, \dots) := \sum_i \left(y_i - y(x_i)\right)^2 \to \text{minimal} \quad \Rightarrow \quad \left(\frac{\partial Q}{\partial a}\right) = \dots = 0$$

Den Funktionstyp y(x) muss man dabei festlegen. Diesen sollte die „*Messpunkte-Wolke*" oder eine zugrunde liegende Theorie nahelegen.

Quadratische Parabel

Die drei Forderungen $\left(\frac{\partial Q}{\partial a}\right) = \left(\frac{\partial Q}{\partial b}\right) = \left(\frac{\partial Q}{\partial c}\right) = 0$ führen auf ein linheares (3x3)-Gleichungssystem

$$\begin{bmatrix} \overline{x^4} & \overline{x^3} & \overline{x^2} \\ \overline{x^3} & \overline{x^2} & \bar{x} \\ \overline{x^2} & \bar{x} & 1 \end{bmatrix} \cdot \begin{bmatrix} a \\ b \\ c \end{bmatrix} = \begin{bmatrix} \overline{x^2 y} \\ \overline{xy} \\ \bar{y} \end{bmatrix}, \text{wobei} \quad \overline{x^k} := \frac{1}{n} \cdot \sum_i \{x_i^k\}$$

und $\overline{x^k y} := \frac{1}{n} \cdot \sum_i \{x_i^k \cdot y_i\}$

Exponentialfunktion

Man geht durch Logarithmieren auf die neue Variable v über, die linear mit x zusammenhängt

$$\underbrace{\ln y}_{v} = \underbrace{\ln a}_{c} + b \cdot x \qquad\qquad v(x) = c + b \cdot x$$

Das jetzt lineare Problem kann wie oben behandelt werden. Dabei ist es gut zu wissen, dass sich jede Exponentialfunktion mit

beliebiger Basis b>0 auf die EULER-Basis e umrechnen lässt:
$b^x = e^{x \cdot \ln b}$.

Glockenfunktion

Man erhält ein nicht-lineares (2x2)-System, dessen Lösung sehr anspruchsvoll ist und meist nur mit einem rein numerischen Verfahren, oft nur iterativ möglich ist.

Gravitationsgesetz

Mit der Substitution $v=1/x^2$ wird das Problem linear.

1.5 Fehlerfortpflanzung

Ich beschränke mich auf Formeln mit zwei fehlerbehafteten Größen. Eine Verallgemeinerung auf mehr als zwei Größen sollte problemlos ☺ möglich sein.

Ein Beispiel:

Ein industriell gefertigter Zylinder hat den Radius r und die Höhe h und damit das Volumen

$$V = \pi \cdot r^2 \cdot h \qquad (1)$$

und die Oberfläche

$$A = \underbrace{2 \cdot \pi r^2}_{\text{Boden+Deckel}} + \underbrace{2\pi r \cdot h}_{\text{Mantel}} = 2\pi \cdot r \cdot (r + h) \qquad (2)$$

Wiederholte Messungen zeigen, dass die Messgrößen r und h um ihre Mittelwerte *streuen*. Man gibt solch streuende Messwerte in folgender Form an:

$$r = \bar{r} \pm \Delta r \quad \text{und} \quad h = \bar{h} \pm \Delta h$$

Wir betrachten hier $\bar{r}$ und $\bar{h}$ sowie Δr und Δh als durch Messungen gegebene Werte. Wie die Streuungen Δr und Δh *verteilt* sind spielt hier keine Rolle. Oft werden *relative Streuungen* $\Delta r/\bar{r}$ und $\Delta h/\bar{h}$ in % angegeben.

Auch die berechneten Größen streuen

$$V = \overline{V} \pm \Delta V \quad \text{und} \quad A = \overline{A} \pm \Delta A$$

Die Streuungen ΔV und ΔA muss man aber nicht auch noch messen, sondern kann sie auf Grund der bekannten Formeln (1) und (2) berechnen.

Betrachtet man allgemein eine beliebige Formel-Größe F(x,y), die von zwei Messgrößen x und y abhängt, dann pflanzen sich die Streuungen Δx und Δy auf die Streuung ΔF fort: $\Delta x, \Delta y \rightarrow \Delta F$.

Zur Berechnung dieser Fehlerfortpflanzung gibt es die Betrags- und die GAUSS-Formel:

$$\Delta F = \left| \left(\frac{\partial F}{\partial x}\right)_{\overline{x};\overline{y}} \cdot \Delta x \right| + \left| \left(\frac{\partial F}{\partial y}\right)_{\overline{x};\overline{y}} \cdot \Delta y \right|$$

$$\Delta F^2 = \left(\left(\frac{\partial F}{\partial x}\right)_{\overline{x};\overline{y}} \cdot \Delta x \right)^2 + \left(\left(\frac{\partial F}{\partial y}\right)_{\overline{x};\overline{y}} \cdot \Delta y \right)^2$$

Die Indizes bei den partiellen Ableitungen bedeuten, dass nach dem Ableiten für die Variablen x, y die Mittelwerte $\overline{x}, \overline{y}$ eingesetzt werden sollen. Für das Zylindervolumen ist

$$V(r,h) = \pi \cdot r^2 \cdot h \quad \frac{\partial V}{\partial r} = 2\pi \cdot r \cdot h \quad \text{und} \quad \frac{\partial V}{\partial h} = \pi \cdot r^2 \tag{3}$$

Der engagierte Leser wird sicher gern ☺ die analogen Formeln für die Zylinderoberfläche A nach (2) entwickeln.

Tab 16: Fehlerfortpflanzung bei einem Zylinder

r=	*10,5*	Δr/r=	*5%*	Δr=	0,525	
h=	*50*	Δh/h=	*3%*	Δh=	1,5	
A=	3.991,4	Oberfläche				
∂A/∂r=	446,1	ΔA/A=	**8,3%**	ΔA=	**333,2**	linear
∂A/∂h=	66,0	ΔA/A=	**6,4%**	ΔA=	**254,3**	Gauss
V=	17.318,0	Volumen				
∂V/∂r=	3.298,7	ΔV/V=	**13,0%**	ΔV=	**2251,3**	linear
∂V/∂h=	346,4	ΔV/V=	**10,4%**	ΔV=	**1808,1**	Gauss

Die Berechnungen in dieser sehr kompakten EXCEL-Tabelle gehen im Prinzip von links oben nach rechts unten.

- r und h, sowie Δr/r und Δh/h sind gegebene Messwerte, die hier vollkommen willkürlich angenommen wurden
- aus den relativen Streuungen werden absolute Δr und Δh berechnet (alles in mm)
- mit r und h sind A und V nach (1) und (2) gegeben
- die partiellen Ableitungen $\partial A/\partial r$ ... sind somit nach (3) und (4) auch gegeben, wobei immer wieder die Werte für r und h eingesetzt werden
- die Formeln ‚linear' und ‚Gauss' führen direkt auf ΔA und ΔV
- und diese auf die relativen Streuungen ΔA/A und ΔV/V.

2 Häufig- und Wahrscheinlichkeiten

2.1 Die Geburt der Stochastik

Französische Adlige vertrieben sich in der Mitte des 17. Jahrhunderts die Zeit mit Glücksspielen und wollten ihre Gewinnchancen wissen. In dieser Zeit lebte auch der Mathematiker *BLAISE PASCAL* (1623–1662) am Hof des Sonnenkönigs *LOUIS XIV*. Im Jahr 1654 wandte sich der Chevalier *DEMERÉ* an *PASCAL* mit der Frage:

Die Frage von DEMERÉ an PASCAL

Was hat mehr Chancen:

- bei 4 Würfen mit einem Würfel mindestens eine ⚅ oder
- bei 24 Würfen mit zwei Würfeln mindestens eine Doppelsechs ⚅ ⚅

zu erzielen?

Das Jahr 1654 gilt somit als die *Geburtsstunde der Stochastik*. Ähnliche Fragen wurden einem Mathematiker vorher noch nie gestellt. Nach dieser *Geburt der Stochastik* erfolgten in rascher Folge weitere berühmt gewordene historische Stochastikaufgaben.

G. W. LEIBNIZ (1646–1716) stellte sich die folgende Frage (und beantwortete sie falsch ☺):

Das Problem von LEIBNIZ

Was ist leichter: mit zwei Würfeln die Augensumme 11 oder 12 zu würfeln?

Galileo Galilei (1564–1642) stellte fest:

Das Problem von Galilei

Beim Würfeln mit drei Würfeln haben die beiden Augensummen S=9 und S=10 die gleiche Anzahl an Realisierungen, nämlich 6:

«S=9» = {1+2+6 | 1+3+5 | 1+4+4 | 2+2+5 | 2+3+4 | 3+3+3}

«S=10» = {1+3+6 | 1+4+5 | 2+2+6 | 2+3+5 | 2+4+4 | 3+3+4}

Aber «S=10» erscheint öfter als «S=9». Warum?

Christian Huygens (1629–1695) stellte gleich zwei Aufgaben:

Das erste Problem von Huygens

Ein Spieler A mischt ein Skatblatt mit 32 Spielkarten zu je 4 Farben. Sein Partner B zieht daraus 4 Karten. Er gewinnt den kompletten Einsatz, wenn er 4 verschiedene Farben gezogen hat. Sonst gewinnt sein Gegner A.

Welchen Einsatz müssen beide Spieler leisten, wenn es auf lange Sicht fair sein soll?

Das zweite Problem von Huygens

Zwei Spieler A und B werfen abwechselnd zwei Würfel. A fängt an und gewinnt bei «Augensumme S=6». B ist zweiter und gewinnt bei «Augensumme S=7».

- Welche Chance hat jeder bei seinem ersten Wurf zu gewinnen?
- Welche Chance hat jeder bei seinem zweiten Wurf zu gewinnen?
- Welche Chance hat jeder bei seinem n-ten Wurf zu gewinnen?
- Welche Chance hat jeder überhaupt (nach sehr vielen Würfen) zu gewinnen?

Die Lösungen sind am Ende unter Aufgaben und Lösungen zu finden.

2.2 Zufallsexperimente, ihre Ergebnisse und ihre Ereignisse

Jeder kennt *Zufallsexperimente* (kurz *ZuEx*).

Tab 17: Drei Beispiele von Zufallsexperimenten

ZuEx	4 Reißnägel	3 Würfel	LOTTO 6 aus 49
ein Ergebnis ω			25 30 48 15 27 42
	(S,R,S,S)	(3,1,6)	(15,25,27,30,42,48)
die Anzahl |Ω| aller möglichen Ergebnisse	2^4=16	6^3=216	$\binom{49}{6}$ = 13 983 816

Das ***Ergebnis*** eines ZuEx bezeichne ich mit ω (griech. *omega*). Die ***Menge aller möglichen Ergebnisse*** bezeichne ich mit dem großen griechischen Omega $\Omega = \{\omega_1, \omega_2, \dots, \omega_n\}$.

Die *Anzahl der möglichen Ergebnisse* bezeichne ich mit Betragsstrichen |Ω|. Ich betrachte zunächst nur ZuEx mit endlicher Ergebnismenge $|\Omega|<\infty$.

Das angegebene LOTTO-Ergebnis spielt als *LOTTO-Sensation* (⟶ Abschnitt 2.4) eine besondere Rolle.

Es gibt beim ZuEx mit mehreren gleichartigen Objekten (Reißnägel, Würfel etc.) ein immer wiederkehrendes Problem: „Sind sie unterscheidbar oder nicht?“ Wenn die Würfel (etwa durch ihre Farbe) unterscheidbar sind, dann bedeutet dies, dass die Ereignisse ⚂⚀⚅ und ⚀⚂⚅ verschieden sind. Um nicht dauernd graphische Auszeichnungen zu bemühen, werden beide Würfel-Ergebnisse auch durch die Reihenfolge unterschieden: (3,1,6) ≠ (1,3,6). Wobei jede Position einer Würfelfarbe entspricht. Man mache sich auch klar, dass die Farbunterschiede verblassen können (etwa durch UV-Einstrahlung). Dieses Verschwinden der Farbunterschiede kann aber das Ergebnis eines ZuEx nicht beeinflussen! Bei den meisten Fragestellungen ist es nützlich, die Würfel als unterscheidbar anzusehen.

Alle Stochastik beruht auf allgemeinen Lebenserfahrungen.

Lebenserfahrung 1 der Stochastik

Ein Zufallsexperiment (ZuEx) hat immer mehrere, oft viele mögliche **Ergebnisse.** Welches Ergebnis bei einem Versuch eintritt, kann nicht vorhergesagt und vom Ausführenden nicht beeinflusst werden, es wird **allein vom Zufall** bestimmt.

Der Begriff *Zufall* dominiert die gesamte Stochastik. Seine philosophische erkenntnistheoretische Tiefe kann hier nicht weiter diskutiert werden.

Jeder LOTTO-Spieler träumt davon, mit seinen 6 Kreuzen in 49 Feldern das Ergebnis der nächsten Ziehung (6 aus 49) vorherzusagen. Dass er dabei 13 983 816 Möglichkeiten hat, wird ihn frustrieren, aber es ist stochastische Realität. Ob das Ziehungsergebnis wirklich nur dem *Zufall* überlassen wird, mag jeder Beobachter der gläsernen Ziehungstrommel selbst beurteilen. Der bei jeder Ziehung anwesende Jurist ist davon überzeugt.

Ereignisse

Ein Würfler könnte sein Ergebnis verdecken und verkünden: «*Ich habe eine Primzahl gewürfelt*».

Seine Mitspieler können daraus schließen: *Also hat er eine ⚁ oder ⚂ oder ⚄ gewürfelt.* Der Würfler hat die Beschreibung eines ***Zufalls-Ereignisses*** formuliert.

Tab 18: Beispiele zu ZuEx und Ereignissen

ZuEx	Ereignis E		$\lvert E \rvert$
»1 Würfel«	«Primzahl»	{2,3,5}	3
»2 Würfel«	«Augen-summe=7»	{(1,6);(2,5);(3,4); ...}	6
»LOTTO«	«nur Quadrat-zahlen»	{(1,4,9,16,25,36); ...; (4,9,16,25,36,49)}	$\binom{7}{6} = 7$
»LOTTO«	«nur Prim-zahlen»	{(2,3,5,7,11,13); ...; (29,31,37,41,43,47)}	$\binom{15}{6} = 5005$
»Skat«	«alle 4 Buben in einer Hand»	zu komplex	$3 \cdot \binom{28}{6} \cdot \binom{22}{10} \cdot \binom{12}{10} \approx 4.8 \cdot 10^{13}$

Es gibt unter den 49 LOTTO-Zahlen 7 Quadratzahlen: {1, 4, 9, 16, 25, 36, 49} und 15 Primzahlen: {2, 3, 5, 7, 11, 13, 17, 19, 23, 29, 31, 37, 41, 43, 47}.

Zum Skatspiel: Ein Skatblatt hat 32 Karten mit 4 verschiedenen *Farben.* Jede Farbe hat einen Buben. Die Karten werden an 3 Spieler verteilt (je 10) und zwei bleiben als Reiz verdeckt auf dem Tisch liegen.

Ich werde immer wieder diese Symbolik benützen:

Ereignis : «Beschreibung»
Ereignis = {Aufzählung}
|Ereignis| = Anzahl
der Ergebnisse

Leicht einzusehen ist:

Ereignisse sind Teilmengen der Ergebnismenge $E \subseteq \Omega$

Im Deutschen sind *Ergebnis* und *Ereignis* phonetisch sehr ähnlich. Das provoziert Versprecher. Manche Autoren ersetzen daher *Ergebnis* durch *Ausgang*. Ich bleibe bei *Ergebnis.*

Da Ereignisse Mengen sind, müssen Begriffe der *Mengenlehre* angewendet werden. (⟶ Mengen)

Man kann beim ZuEx »2 *Würfel*« folgende Ereignisse für die *Augensumme* AS formulieren:

E_5: «AS=2» = {2}	*elementar*	$\lvert E_5\rvert = 1$
E_6: «AS≠2» = {3,4,...,12}	*Gegenereignis*	$E_6 = \overline{E}_5$
E_7: «AS>13» = Ø	*unmöglich*	$\lvert Ø\rvert = 0$
E_8: «AS<13» = Ω	*sicher*	$\lvert \Omega\rvert = 11$

Für Ereignis und Gegenereignis gelten
$E \cup \overline{E} = \Omega$ und $E \cap \overline{E} = \emptyset$, woraus folgt: $|E| + |\overline{E}| = |\Omega|$.

Ereignisse mit der Eigenschaft $A \cap B = \emptyset$ werden *element-fremd* oder *disjunkt* genannt.

2.3 Häufigkeit und Wahrscheinlichkeit

Ein Würfelspieler würfelt sehr oft mit dem immer gleichen Würfel. Er hält dabei fest, wie oft er jedes der Ergebnisse ω=⚀, ⚁, ... ⚅ nach n=10, 20, 30, ... Würfen erzielt hat. Mit diesen *absoluten Häufigkeiten* n(ω) bildet er die *relativen Häufigkeiten*

$$h_n(\omega) := \frac{n(\omega)}{n} = \frac{\text{Zahl der Ergebnisse } \omega}{\text{Zahl der Versuche}} \tag{1}$$

und hält seine h-Werte in Grafiken fest. Ein Bsp für ω=⚅:

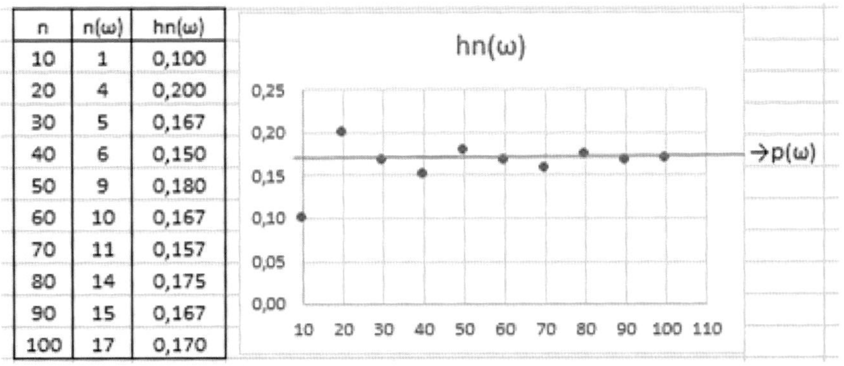

n	n(ω)	hn(ω)
10	1	0,100
20	4	0,200
30	5	0,167
40	6	0,150
50	9	0,180
60	10	0,167
70	11	0,157
80	14	0,175
90	15	0,167
100	17	0,170

Abb 6: Relative Häufigkeiten beim n-fachen Würfeln

Für die 6 möglichen Ergebnisse werden sich die 6 Grafiken unterscheiden. Vor allem im Bereich weniger Versuche (n<50) wird es große Unterschiede geben. Selbst bei einer Wiederholung des ZuEx kann es für das gleiche Ergebnis ω für kleine n große Unterschiede geben. Aber es gibt eine dominierende Gemeinsamkeit: Es werden sich alle $h_n(\omega)$-Werte für genügend große n (>100) einem *Trendwert* $p(\omega)$ nähern. Dieses *Trendphänomen* ist die ...

Lebenserfahrung 2 der Stochastik

Wiederholt man ein ZuEx unter immer gleichen Bedingungen sehr oft, dann nähern sich die relativen Häufigkeiten h eines Ergebnisses einem *Trendwert* p. $h_n(\omega) \xrightarrow[n\to\infty]{} p(\omega)$

Ich verwende den Begriff *Trendwert* und nicht *Grenzwert*. Dieser von CAUCHY (1789–1857) für Zahlenfolgen und Funktionen in die Mathematik eingeführte Begriff hat eine strenge Definition, die hier NICHT angewendet werden kann.

Betrachtet man alle möglichen Ergebnisse ω eines ZuEx, dann ist

$$\Sigma_{\text{alle }\omega}\{n(\omega)\} = n \quad \text{und somit} \quad \Sigma_{\text{alle }\omega}\{h(\omega)\} = \Sigma_{\text{alle }\omega}\{p(\omega)\} = 1$$

Die 6 Trendwerte des Würfels können dabei verschieden sein. Bei einem idealsymmetrischen Würfel wird sich allerdings $p_1=p_2=\ldots=p_6=⅙$ ergeben. Er besitzt die sog. *LAPLACE-Eigenschaft.*

Die empirische Wahrscheinlichkeit

Diese *Stabilisierung der relativen Häufigkeit* eines Ergebnisses nach vielen Versuchen

$$h_n(\omega) \xrightarrow[\text{viele Versuche}]{} p(\omega)$$

hat den Mathematiker RICHARD VON MISES (1883-1953) dazu verführt, die elementare Wahrscheinlichkeit eines Ergebnisses als Grenzwert von relativen Häufigkeiten nach unendlich vielen Versuchen zu definieren.

$$\mathrm{prob}(\omega) := \lim_{n\to\infty} h_n(\omega)$$

Abgeleitet vom englischen *probability* bezeichne ich die *Wahrscheinlichkeit eines Ergebnisses* mit *prob*. Viele Autoren schreiben dafür nur kurz p(). Ich halte *prob()* für augenfälliger (siehe Vorwort).

Viele Kollegen von RICHARD VON MISES haben diese Definition als zu empirisch abgelehnt. Sie sagten: *„Man kann nicht unendlich oft würfeln"*. Trotzdem muss die elementare prob()-Funktion empirisch, d.h. durch viele Versuche ermittelt werden. Aber solche Versuche sind nicht Aufgabe der Mathematik, sondern der Empirik. Man könnte ein Wort von ALBERT EINSTEIN abwandeln und sagen: *„Ein Mathematiker würfelt nicht"*. Der Mathematiker *zieht sich elegant aus der Affäre,* indem er sagt:

Wir Mathematiker stellen stochastische Überlegungen erst an, wenn für ALLE Ergebnisse ω eines ZuEx die elementaren Wahrscheinlichkeiten prob(ω) bekannt sind. Woher sie stammen ist uns egal. Sie müssen nur die beiden Forderungen

$0 < \mathrm{prob}(\omega) < 1$ und $\sum_{\text{alle }\omega}\{\mathrm{prob}(\omega)\} = 1$

erfüllen. Die letzte Forderung wird ***Normiertheit*** genannt.

Würde für einen Würfel etwa folgende Tabelle geliefert:

ω=	⚀	⚁	⚂	⚃	⚄	⚅	Σ
prob(ω)=	0.166	0.168	0.165	0.169	0,167	0.164	0.999

dann müsste sie abgelehnt werden, weil die Normiertheit nicht erfüllt ist. Erst eine Korrektur der Art $\mathrm{prob}(6) \to 0.165$ würde eine akzeptable Tabelle für die *elementaren Wahrscheinlichkeiten* prob ergeben.

Die Wahrscheinlichkeit eines *Ereignisses* ist die Summe über alle seine elementaren Wahrscheinlichkeiten

$$\mathrm{Prob}(E) = \sum_{\omega\in E}\{\mathrm{prob}(\omega)\}$$

Ein Bsp

Prob(«gewürfelt wurde eine Primzahl»)
= prob(2) + prob(3) + prob(5) = 0.168 + 0.165 + 0.167 = 0.500

Zu den Ereignissen E gehört das unmögliche ∅ und das sichere Ereignis Ω mit den Eigenschaften

$$0 = \text{Prob}(\emptyset) \leq \text{Prob}(E) \leq \text{Prob}(\Omega) = 1$$

Die axiomatische Wahrscheinlichkeit

Angelehnt an das geniale Werk *Die Elemente* des griechischen Mathematikers EUKLID (≈-300) fordern moderne Philosophen und Mathematiker (B. RUSSEL, L. WITTGENSTEIN, D. HILBERT u.a.), dass in einer mathematischen Theorie aus wenigen Grundannahmen, den sog. ***Axiomen***, alle weiteren Gesetze logisch durch *Implikationen* (⇒) abgeleitet werden müssen. Die Axiome sollten möglichst von *geringer Anzahl*, *möglichst einfach* und auf alle Fälle *widerspruchsfrei* sein. Sie müssen nicht weiter begründet werden.

A. N. KOLMOGOROV (1903–1987) hat diesen Wunsch nach Axiomatik im Jahr 1933 für den Begriff *Wahrscheinlichkeit* perfekt und genial erfüllt.

Die Axiome des KOLMOGOROV zur *Prob-Funktion*

Zufallsexperimente produzieren *Zufalls-Ereignisse* A, B, ..., E, ... Sie sind Teilmengen der *Ergebnis-Menge Ω* des sog. *sicheren Ereignisses.* Zu den Teilmengen gehört auch die leere Menge ∅, das sog. *unmögliche Ereignis. Die Wahrscheinlichkeits-Funktion Prob* beschreibt eine Zuordnung der Art

I Ereignis $E \subseteq \Omega \xrightarrow[\text{ist zugeordnet}]{} \text{Prob}(E) \in [0 \ldots 1] \subset \mathbb{R}$

mit den Eigenschaften

II $\text{Prob}(\Omega) = 1$

III $A \cap B = \emptyset \Rightarrow \text{Prob}(A \cup B) = \text{Prob}(A) + \text{Prob}(B)$

Alle Mathematiker waren von der Schlichtheit des Axiomensystems beeindruckt und akzeptierten es. KOLMOGOROVs Definition benützt nur Ereignisse als Teilmenge der Ergebnismenge Ω und keine Ergebnisse. Ergebnisse sind elementare Ereignisse mit genau einem Element. Wie in der axiomatischen Mathematik üblich, musste KOLMOGOROV zeigen, dass alle weiteren Eigenschaften der Prob-Funktion durch *logische Implikationen* $\Rightarrow$ aus den Axiomen folgen.

Dies ist KOLMOGOROV gelungen. Ein Beispiel ist der sehr allgemeine

Additionssatz der Wahrscheinlichkeit
$\text{Prob}(A \cup B) = \text{Prob}(A) + \text{Prob}(B) - \text{Prob}(A \cap B)$

Für seine Herleitung kürze ich mal wieder ab Prob() $\longrightarrow$ P() und benütze das folgende Mengendiagramm:

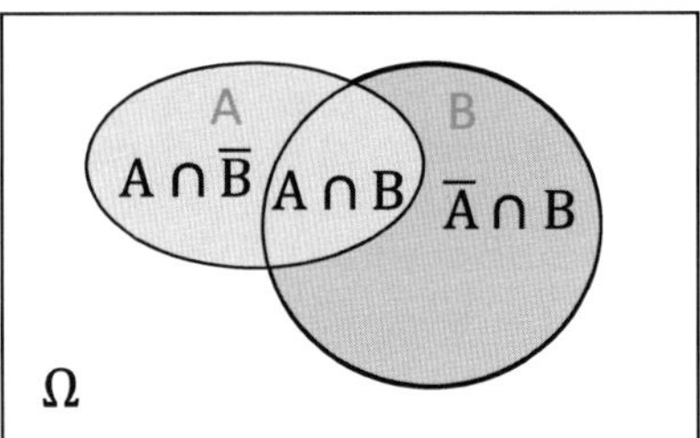

Abb 7: Additionssatz der Wahrscheinlichkeit

Das Mengendiagramm zeigt, dass

$$A \cup B = \underbrace{(A \cap \overline{B}) \sqcup (A \cap B) \sqcup (\overline{A} \cap B)}_{\text{disjunkt}}$$

$$A = \underbrace{(A \cap \overline{B}) \sqcup (A \cap B)}_{\text{disjunkt}} \Rightarrow P(A) = P(A \cap \overline{B}) + P(A \cap B)$$

$$B = \underbrace{(A \cap B) \sqcup (\overline{A} \cap B)}_{\text{disjunkt}} \Rightarrow P(B) = P(A \cap B) + P(\overline{A} \cap B)$$

$$\begin{aligned} P(A \cup B) &= \underbrace{P(A \cap \overline{B})}_{P(A)-P(A\cap B)} + P(A \cap B) + \underbrace{P(\overline{A} \cap B)}_{P(B)-P(A\cap B)} \\ &= P(A) + P(B) - P(A \cap B) \end{aligned}$$

Manche benützen für die ODER-Verknüpfung disjunkter Ereignisse einen extra Operator:

$$A \cup B \xrightarrow[A \cap B = \emptyset]{} A \sqcup B$$

Dann vereinfacht sich KOLMOGOROV-III zu

$$\text{Prob}(A \sqcup B) = \text{Prob}(A) + \text{Prob}(B).$$

Wie bei Axiomensystemen üblich könnte man KOLMOGOROV-III durch den Additionssatz ersetzen und daraus dann Axiom-III implizieren.

Tab 19: Die wichtigsten Eigenschaften der Prob-Funktion

$0 = \text{Prob}(\emptyset) \leq \text{Prob}(E) \leq \text{Prob}(\Omega) = 1$	[1]
$\text{Prob}(\overline{E}) = 1 - \text{Prob}(E)$	[2]
$B \subseteq A \implies \text{Prob}(B) \leq \text{Prob}(A)$	[3]
$\text{Prob}(A \cup B) = \text{Prob}(A) + \text{Prob}(B) - \text{Prob}(A \cap B)$	[4]
$\text{Prob}(A \cap B) = \text{Prob}(A) \cdot \text{Prob}_A(B)$	[5]

[1] Neben dem *beliebigen* (E) gibt es das *unmögliche* (∅) und das *sichere* (Ω) Ereignis

[2] $\bar{E} = \Omega \backslash E$ ist das Gegen-Ereignis

[3] B ist ein Teil-Ereignis von A

[4] ODER gibt PLUS minus U∩D

[5] UND gibt MAL aber bedingt

Die letzte Formel wurde hinzugefügt, obwohl die *bedingten Wahrscheinlichkeit* $\text{Prob}_A(B)$ erst später erklärt wird. Die Schreibweise U∩D soll als Eselsbrücke dienen, um sich den Unterschied ∩ kontra ∪ leichter einprägen zu können.

Die LAPLACE-Eigenschaft

Oft wird bei einem ZuEx die LAPLACE-Eigenschaft unterstellt:

»alle Erg<u>eb</u>nisse sind gleich wahrscheinlich«
also $\text{prob}(\omega_1) = \text{prob}(\omega_2) = \cdots$

Ein einfaches Bsp ist der idealsymmetrische Würfel mit

prob(⚀) = prob(⚁) = ⋯ = prob(⚅) = ⅙ .

Mit der LAPLACE-Eigenschaft folgt

$$\text{prob}(\omega_i) = \frac{1}{|\Omega|} \text{ und } \text{Prob}(E) = \frac{|E|}{|\Omega|} = \frac{\text{günstig}}{\text{möglich}}$$

Diese LAPLACE-Formel wird in der Wahrscheinlichkeitsrechnung sehr häufig angewendet.

Bsp: Beim Würfeln mit zwei LAPLACE-Würfeln sei:

E: «AugenSumme = 5».

Dann ist $|E| = 4$ und Prob(E) = |E|/|Ω| = $\frac{4}{36} = \frac{1}{9}$.

Bsp: Um mit 6 Kreuzen in den 49 Feldern eines *LOTTO*-Zettels r Richtige zu erzielen, muss man r Kreuze in den 6 *richtigen Feldern* UND (6−r) Kreuze in den 43 falschen Feldern machen. Das Ereignis E_r: «r Richtige» hat die Wahrscheinlichkeit $Prob(E_r) = |E_r|/|\Omega| \to P(r)$. Die Kombinatorik lehrt:

$$|E_r| = \binom{6}{r} \cdot \binom{43}{6-r} \text{ und } |\Omega| = \binom{49}{6} \text{=BinKo(49;6)}$$

Tab 20: LOTTO

LOTTO		Er=«r Richtige»		|Ω|=	13.983.816		
r=	0	1	2	3	4	5	6
|Er|=	6.096.454	5.775.588	1.851.150	246.820	13.545	258	1
P(r)=	43,6%	41,3%	13,2%	1,8%	9,7E-04	1,8E-05	7,2E-08
1/P(r)=	2,3	2,4	7,6	56,7	1.032	54.201	13.983.816

BinKo(n;k)=KOMBINATIONEN(n;k)

Wenn Wahrscheinlichkeiten P sehr klein sind, dann werden gern ihre Kehrwerte *1/P* angegeben. Man benützt dann die Sprechweise: »*die Wahrscheinlichkeit ist ‚eins-zu-1/P‘*«.

Beim Lotto ist die Wahrscheinlichkeit für «6 Richtige» *eins-zu-ca. 14 Millionen.*

2.4 Einige interessante Wahrscheinlichkeiten

Ein klassisches Beispiel:

Ich kürze mal wieder ab: Prob() ⟶ P()

ZuEx: »*Mit einem idealen Würfel wird 2-mal gewürfelt*«

Frage 1: „*Wie groß ist die Wahrscheinlichkeit*
A: «erst eine 6» UND B: «dann eine 5» zu würfeln?"

Lösung: LAPLACE $P(A)=P(B)={}^1/_6$
Unabhängigkeit $P(A \cap B)=P(A) \cdot P(B)={}^1/_6 \cdot {}^1/_6={}^1/_{36}$

Frage 2: „*Wie groß ist die Wahrscheinlichkeit für*
E: «mindestens eine 6» zu würfeln?"

Drei verschiedene Lösungen:

LAPLACE: $E=\{(1,6), (2,6), \ldots, (6,6), (6,5), \ldots, (6,1)\}$
$|E|=11 \quad |\Omega|=36 \quad P(E) = |E|/|\Omega|={}^{11}/_{36}$
$\bar{E}$: «keine 6» E_i: «bei einem Wurf eine 6»

Unabhängigkeit $P(\bar{E}) = P(\bar{E}_1 \cap \bar{E}_2)= P(\bar{E}_1) \cdot P(\bar{E}_2)={}^5/_6 \cdot {}^5/_6={}^{25}/_{36}$
$P(E) = 1 - P(\bar{E})={}^{11}/_{36}$

Additionssatz:

$$P(E) = P(E_1 \cup E_2) = P(E_1) + P(E_2) - P(E_1 \cap E_2)$$
$$= {}^1/_6+{}^1/_6-{}^1/_{36}={}^{11}/_{36}$$

Ein Partyproblem: Gleiche Geburtstage

Auf einer Party sind n Gäste. Man hängt einen Jahreskalender auf und lässt die Gäste der Reihe nach ihren Geburtstag (GT) (=Tag.Mon) ankreuzen. Man möchte Partygäste, die nur alle 4 Jahre am 29. Februar Geburtstag haben, nicht vor den Kopf stoßen, also hängt man den Jahreskalender eines Schaltjahres mit m=366 Tagen auf. Wenn ein Partygast auf einen schon mal angekreuzten GT trifft, dann liegt eine *Kollision* vor und das Ankreuzen wird abgebrochen.

Man stellt die Partyfrage: Mit welcher Wahrscheinlichkeit haben mindestens zwei Gäste den gleichen Geburtstag?

Man kann versuchen, das Niveau der Party zu steigern und die Gäste schätzen lassen, ab welcher Gästezahl n diese Wahrscheinlichkeit > 50% oder > 99% wird. Man kann weiter versuchen, seine Partygäste durch den Vortrag der folgenden Lösung zu beeindrucken.

Der erste Schritt ist, vom Ereignis «*mindestens zwei*» das Gegenereignis «*keine zwei*» ins Auge zu fassen. Dieses Motto: *Denke auch an das Gegenereignis* hilft bei vielen Stochastikproblemen weiter. Also betrachtet man die Ereignisse

A_n: «von n Partygästen haben mindestens zwei den gleichen GT»
und
$\bar{A}_n$: «alle n Partygäste haben verschiedene GT».

Der erste Partygast hat m=366, der zweite m-1=365, der dritte m-2=364, ..., der n-te Partygast hat m-(n-1) Möglichkeiten, sein Kreuz zu machen. Mit *aus UND wird MAL* folgt

$$\mathrm{Prob}(\bar{A}_n) = 1 - P_m(n) = \frac{m}{m} \cdot \frac{m-1}{m} \cdot \frac{m-2}{m} \cdot \ldots \cdot \frac{m-(n-1)}{m}$$
$$= \left(1 - \frac{1}{m}\right) \cdot \left(1 - \frac{2}{m}\right) \cdot \ldots \cdot \left(1 - \frac{n-1}{m}\right) \qquad (1)$$

Man kann dies für kleine n *rekursiv* mit einer EXCEL-Tabelle berechnen:

GebTage	rekursiv		m=	366	Tage		n	Partygäste				
n=	1	2	3	4	5	6	7	8	9	10	11	12
1-Pm(n)=	100%	99,7%	99,2%	98,4%	97,3%	96,0%	94,4%	92,6%	90,6%	88,3%	85,9%	83,3%

Für größere n ist die Rekursion lästig. Das Produkt in (1) wird mit $(m-n)!$ erweitert.

$$1 - P_m(n) = \frac{m}{m} \cdot \frac{m-1}{m} \cdot \frac{m-2}{m} \cdot \ldots \cdot \frac{m-(n-1)}{m} \cdot \frac{(m-n)!}{(m-n)!} = \frac{m!}{m^n \cdot (m-n)!} \qquad (2)$$

Alle 3 Zahlen in diesem Bruch sind für große n *gigantisch*. Selbst EXCEL streikt ab 171! Man weiß aber, dass $|1 - P_m(n)| < 1$ ist.

Es entsteht ein für die Stochastik typisches numerisches Problem: Eine Wahrscheinlichkeit 0≤Prob≤1 ist aus einem Bruch mit großen (sogar *gigantischen*) Zahlen zu berechnen.

Hier hilft (manchmal) die *STIRLING-Näherung* weiter.

$$n! \approx \sqrt{2\pi n} \cdot \left(\frac{n}{e}\right)^n \tag{3}$$

Sie liefert schon für n>10 brauchbare Näherungs-Werte.

Nach etwas Bruch- und Potenzrechnen folgt aus (2) mit (3) die Formel

$$P_m(n) \approx 1 - e^{-n} \cdot \left(\frac{m}{m-n}\right)^{m-n+1/2} . \tag{4}$$

Hier sind alle Zahlen mit m=366 und n≤m für EXCEL kein numerisches Problem.

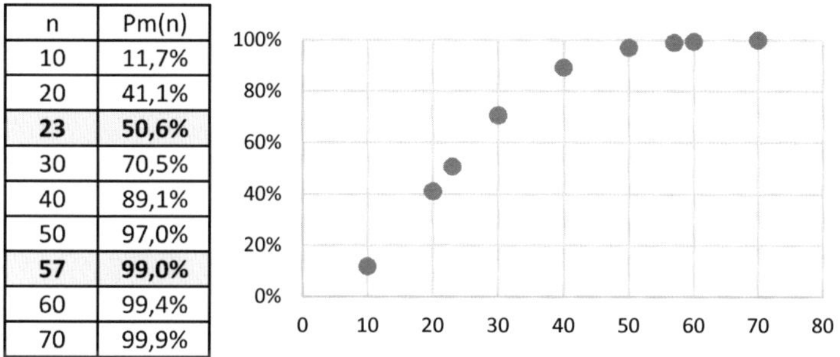

n	Pm(n)
10	11,7%
20	41,1%
23	**50,6%**
30	70,5%
40	89,1%
50	97,0%
57	**99,0%**
60	99,4%
70	99,9%

Abb 8: Die Wahrscheinlichkeit gleicher Geburtstage bei n Partygästen

Ich habe es trotz reicher Partyerfahrung noch nie erlebt, dass die Stochastikresulate

$$P_m(n \geq 23) > 50\% \text{ und } P_m(n \geq 57) \geq 99\%$$

von Stochastiklaien annähernd richtig geraten wurden.

Eine LOTTO-Sensation

Die deutsche staatliche TOTO-LOTTO-Gesellschaft feierte 1995 ihr 40-jähriges Bestehen und verkündete eine „Sensation". Bei der 3 016-ten Ziehung am 05. Jun. 1995 wurden zum 2-ten Mal die gleichen 6 Kugeln (15, 25, 27, 30, 42, 48) wie schon bei der 1 628-ten Ziehung 9 Jahre davor gezogen.

Dies wurde als „Sensation" empfunden, weil es

$$m := \binom{49}{6} = 13\,983\,816 \approx 14 \text{ Mill}$$

(eine wirklich große Zahl!) verschiedene LOTTO-Ergebnisse gibt. Angesichts dieser 14 Mill möglichen LOTTO-Ergebnisse verblüfft die geringe Zahl von 3 016 Ziehungen. Die Stochastik kann zeigen, dass dies ‚gar nicht so verblüffend' ist. Das Ereignis

A_n = «bei n Ziehungen gab es mindestens 2 mal das gleiche Ergebnis»

und sein Gegenereignis

$\overline{A}_n$ = «bei n Ziehungen gab es immer verschiedene Ergebnisse»

haben eine große Ähnlichkeit mit dem Problem: »gleiche Geburtstage« (s.o.). Nur ist jetzt der Kalender mit m=366 Tagen durch eine Liste mit m=13 983 816 LOTTO-Ergebnissen zu ersetzen. Eine Lösung mit STIRLING würde auf (4) führen und mit dem riesigen m keinen mit EXCEL berechenbaren Wert ergeben!

Man muss raffinierter argumentieren und versuchen, $P_m(n)$ einzugrenzen.

Mit einer Verallgemeinerung von $\ln(a \cdot b) = \ln(a) + \ln(b)$ folgt aus (2):

$$\ln(1-P) = \ln\left(\prod_{k=1}^{n-1}\left\{1-\frac{k}{m}\right\}\right) = \sum_{k=1}^{n-1}\left\{\ln\left(1-\frac{k}{m}\right)\right\} \qquad (5)$$

wobei ich vorübergehend abkürze: $P_m(n) \rightarrow P$.

Dieser Trick, aus einem Vielfachprodukt mit dem Logarithmus eine Summe zu machen, ist sehr beliebt. Logarithmen großer Zahlen sind vergleichsweise immer klein. Bsp: ln (1 000 000) ≈ 13.8.

Der ln (1 – x) wird nun nach oben und unten abgeschätzt.

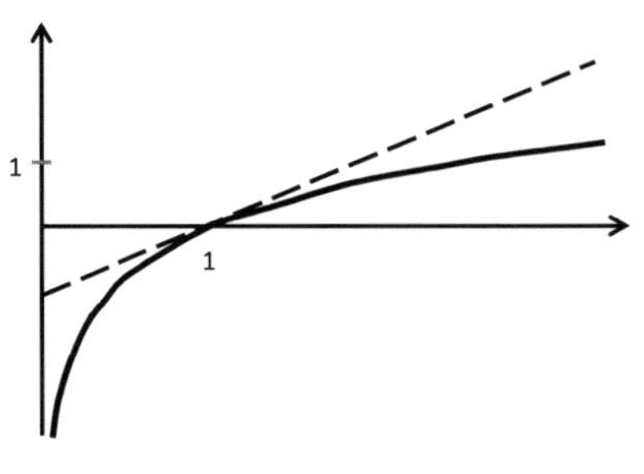

Die Graphik links zeigt, dass für alle x>0 gilt

$\ln(x) \leq x - 1$

Es folgen einige Ersetzungen:

$x \rightarrow 1 - y \;\Rightarrow\; \ln(1-y) \leq -y$

$x \rightarrow 1/z \;\Rightarrow \ldots \Rightarrow\; \ln(z) \geq \frac{z-1}{z}$

$z \rightarrow 1 - x \;\Rightarrow\; \ln(1-x) \geq \frac{-x}{1-x}$

Abb 9: Eine rationale Eingrenzung des ln (1–x)

Dadurch wird der natürliche Logarithmus rational eingegrenzt:

$$\frac{-x}{1-x} \le \ln(1-x) \le -x < 0 \Rightarrow \langle x \to \tfrac{k}{m} \rangle \Rightarrow -\frac{k}{m-k} \le \ln\left(1-\frac{k}{m}\right) \le -\frac{k}{m} \quad (6)$$

Dies gilt auch für die Summen, wobei die immer gleichen Summationsgrenzen k=1 ... (n−1) der Übersichtlichkeit wegen vorübergehend unterschlagen werden:

$$-\underbrace{\sum\nolimits_k \left\{\frac{k}{m-k}\right\}}_{U} \le \underbrace{\sum\nolimits_k \left\{\ln\left(1-\frac{k}{m}\right)\right\}}_{\ln(1-P)} \le -\underbrace{\sum\nolimits_k \left\{\frac{k}{m}\right\}}_{O} \qquad (O\neq 0)$$

Da der ln streng monoton wächst, folgt auch

$$-U \le \ln(1-P) \le -O \quad \text{oder} \quad \exp(-U) \le (1-P) \le \exp(-O)$$

und P wird näherungsweise als Mittelwert seiner Grenzen berechnet:

$$P \approx 1 - \big(\exp(-U) + \exp(-O)\big)/2 \qquad (7)$$

Die Grenzen U und O werden weiter abgeschätzt:

$$U := \sum\nolimits_k \left\{\frac{k}{\underbrace{m-k}_{\ge m-(n-1)}}\right\} \le \frac{1}{m-n+1} \cdot \underbrace{\sum\nolimits_k \{k\}}_{n\cdot\frac{(n-1)}{2}} = \frac{n\cdot(n-1)}{2\cdot(m-n+1)}$$

$$O := \sum\nolimits_k \{k/m\} = \frac{1}{m} \cdot \underbrace{\sum\nolimits_k \{k\}}_{n\cdot\frac{(n-1)}{2}} = \frac{1}{m} \cdot \frac{n\cdot(n-1)}{2}$$

LOTTO-Sensation		m=	13.983.816
n	U	O	P(n)
1.000	0,0357	0,0357	0,0351
2.000	0,1430	0,1430	0,1332
3.000	0,3218	0,3217	0,2751
3.016	0,3252	0,3251	**27,8%**
4.000	0,5721	0,5719	0,4356
4.403	0,6932	0,6930	**50,0%**
5.000	0,8940	0,8937	0,5909
6.000	1,2875	1,2870	0,7240
7.000	1,7527	1,7518	0,8266
8.000	2,2894	2,2881	0,8986
9.000	2,8977	2,8959	0,9448
10.000	3,5778	3,5752	0,9720
11.350	4,6095	4,6057	**99,0%**
15.000	8,0531	8,0445	0,9997

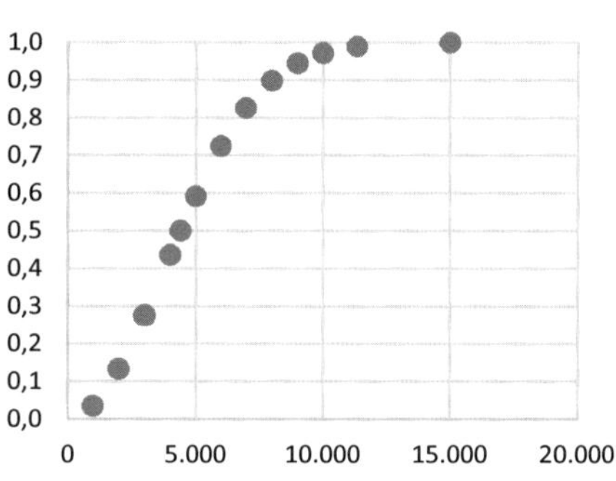

Abb 10: Die Wahrscheinlichkeit eines Lottoduplikats

Bei n=3 016 LOTTO-Ziehungen ist die Wahrscheinlichkeit für ein Duplikat ungefähr 27.8%.

Zum Vergleich: Beim ZuEx »Werfen zweier Würfel« ist

$$\text{Prob}(«\text{AugenSumme} \leq 5») = \frac{10}{36} \approx 27.8\%.$$

Also ist diese „Lotto-Sensation“ so sensationell auch wieder nicht. Ab n=4 404 Ziehungen ist die Wahrscheinlichkeit für ein Duplikat größer als 50%. Ab n=11 351 Ziehungen ist die Wahrscheinlichkeit für ein Duplikat größer als 99%. Ab n=m+1=13 983 817 Ziehungen ist ein Duplikat **sicher**!

Die beiden Bsp *Gleiche Geburtstage* und *LOTTO-Sensation* zeigen, dass zur numerischen Berechnung von Wahrscheinlichkeiten manchmal *tief in die mathematische Trickkiste gegriffen werden muss.*

2.5 Die Bernoulli-Formel

Der Mathematiker Jakob Bernoulli (1654–1705) stammt aus der berühmten Schweizer Wissenschaftlerfamilie. Er beschäftigte sich u.a. mit der »*mehrfachen Wiederholung eines ZuEx unter immer gleichen Bedingungen*«. Ich nenne so etwas ein *Bernoulli-Experiment*, kurz *BeEx*. Das Leitbeispiel ist das »*mehrfache Werfen des gleichen Würfels*«.

Bernoulli verwarf die Frage »Wie oft erscheint bei n-maligem Würfeln eine ⚅?« als Versuch der Wahrsagerei.

Bernoulli erkannte dagegen: Wenn der Zufall regiert, dann ist bei n Wiederholungen JEDE ZAHL k=0,1,2, ..., n an Erfolgen möglich!

Ich bezeichne dabei »*das Würfeln einer* ⚅ als *Erfolg*«. Man kann sich auch jedes andere mögliche Würfelergebnis als *Erfolg* denken.

Bernoulli stellte sich die sinnvollere Bernoulli-Frage: *Wie wahrscheinlich ist es, «bei n-maligem Würfeln genau k-mal eine* ⚅ zu erzielen»?

Allgemeiner:
Wie wahrscheinlich ist es, «bei n Wiederholungen genau k-mal einen Erfolg zu erzielen»?

J. BERNOULLI fand (⟶ Herleitungen)

Die BERNOULLI-Formel

Beim *BERNOULLI-Ereignis*

$$B\text{: «}bei\ n\ Wiederholungen\ genau\ k\ Erfolge\text{»}$$

kann k die Werte k=0,1,2,...,n annehmen.

B hat die Wahrscheinlichkeit

$$Prob(B) = Bin_{p;n}(k).$$

Dabei ist

$$Bin_{p;n}(k) :\stackrel{\text{def}}{=} \binom{n}{k} \cdot p^k \cdot (1-p)^{n-k}$$

die *Binomial-Verteilung* mit dem *Binomial-Koeffizient*

$$BinKo(n,k) \equiv \binom{n}{k} :\stackrel{\text{def}}{=} \frac{n!}{k! \cdot (n-k)!}$$

Diese BERNOULLI-Formel ist ein Meilenstein der Mathematikgeschichte. Ihre Bedeutung für die Stochastik kann kaum überschätzt werden.

Ein Trost: In der numerischen Praxis braucht man die recht komplizierte Definition der Bin-Funktion gar nicht zu kennen, da ihre konkreten Zahlenwerte mit den bekannten Numerik-Helferlein (TR, PC, Tabellen) ermittelt werden. Trotzdem sollte man einige spezielle Werte der Bin-Verteilung in Formeln kennen:

Bei einem Versuch ist die Wahrscheinlichkeit eines Erfolgs

$$Prob = Bin_{p;1}(\mathbf{1}) = p$$

Dabei muss man $0! :\stackrel{\text{def}}{=} 1$ akzeptieren.

Bei n Wiederholungen gab es ...	*Prob=*
... «immer»	$Bin_{p;n}(k=n) = p^n$
... «nie»	$Bin_{p;n}(k=0) = (1-p)^n$

... «genau 1-mal»	$Bin_{p;n}(k = 1) = n \cdot p \cdot (1 - p)^{n-1}$
... «mindestens 1-mal»	$Bin_{p;n}(k > 0) = 1 - (1 - p)^n$
einen Erfolg	

Die hier geschilderten Ereignisse kommen in Fragen und oft auch in Klausuren immer wieder vor. Ein weiteres im Vorwort erwähntes Bsp:

$$\text{Prob(«bei 30mal würfeln keine 6»)} = \text{Bin}_{1/6;30}(0) = \left(\frac{5}{6}\right)^{30} \approx 0.0042$$

Aus der allgemeinen binomischen Formel

$$(\mathrm{p} + \mathrm{q})^{\mathrm{n}} = \sum_{\mathrm{k}=0}^{\mathrm{n}} \left\{ \binom{\mathrm{n}}{\mathrm{k}} \cdot \mathrm{p}^{\mathrm{k}} \cdot \mathrm{q}^{\mathrm{n-k}} \right\}$$

folgt mit q=1−p, dass die Bin-Verteilung normiert ist

$$\sum_{\mathrm{k}=0}^{\mathrm{n}} \left\{ \mathrm{Bin}_{\mathrm{p;n}}(\mathrm{k}) \right\} = 1.$$

n=10

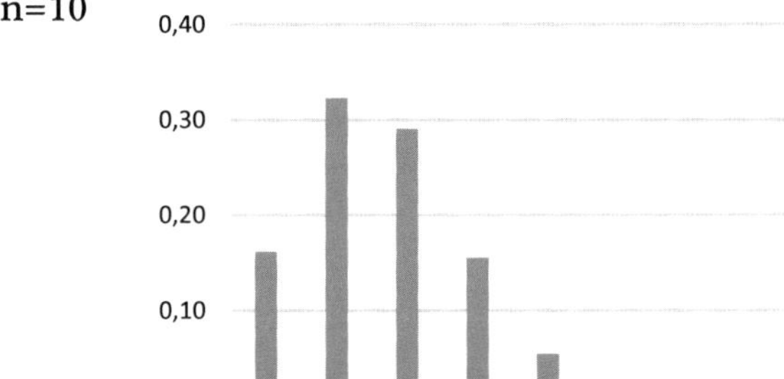

n=20

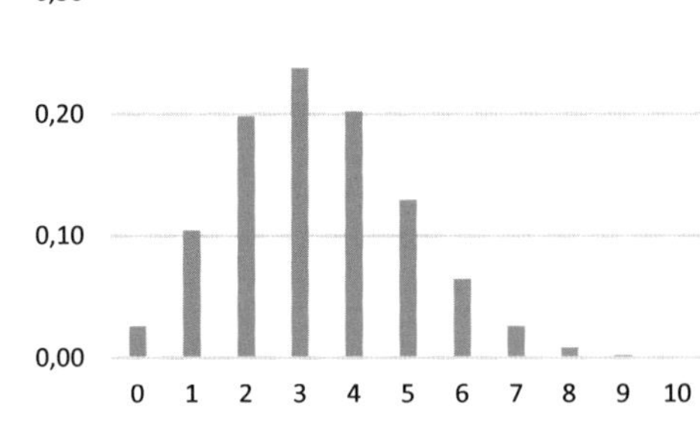

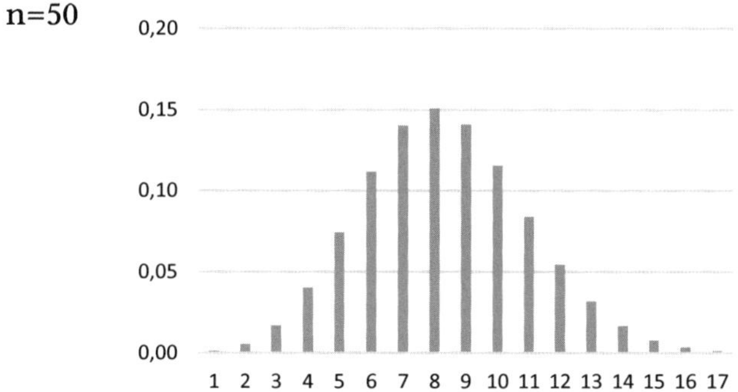

Abb 11: Visualisierung von $Bin_{p;n}(k = 0,1,2,\ldots,n)$ für p=⅙ und n = 10,20,50

Die Tabelle zeigt Bin-Verteilungen mit <u>einem</u> Maximum. Es gibt aber auch Bin-Verteilungen mit zwei gleichen, neben einander liegenden Maxima. Bsp:

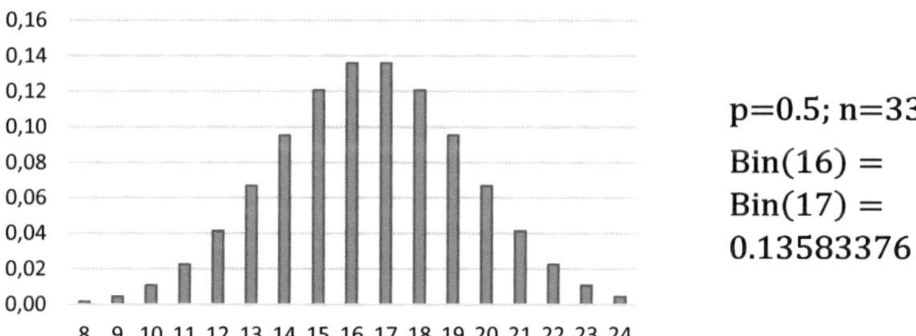

Abb 12: Eine Bin-Verteilung mit 2 Maxima

Es fällt auf: Das Maximum oder die beiden Maxima liegen immer dicht bei $n \cdot p$.

Die BERNOULLI-Summe

Während die BERNOULLI–Formel die Wahrscheinlichkeit

Prob(«bei n Wiederholungen gab es **GENAU** k Erfolge»)
$= \text{Prob}(Z = k) = \text{Bin}_{p;n}(k)$

berechnet, interessiert oft auch

Prob(«bei n Wiederholungen gab es **HÖCHSTENS** k Erfolge»)
$= \text{Prob}(Z \leq k) = \text{BinSum}_{p;n}(k)$

Ich habe dabei eine neue kurze Schreibweise «$Z = k$» und «$Z \leq k$» für sogenannte *Zufallszahlenereignisse* eingeführt. Sie symbolisieren das *GENAU* und das *HÖCHSTENS* sehr kurz und gut. Ihnen ist später ein eigener Abschnitt (⟶ Abschnitt 3.1) gewidmet. Ich halte meine etwas lang geratene Bezeichnung *BinSum* für aussagekräftig und didaktisch nützlich.

Für solche ZuZa-Ereignisse gilt

$$«Z \leq k» = «Z = 0» \sqcup «Z = 1» \sqcup «Z = 2» \sqcup \ldots \sqcup «Z = k»$$

wobei die einzelnen Ereignisse paarweise disjunkt sind; d.h.

$$«Z = k_1» \cap «Z = k_2» = \emptyset \text{ für } k_1 \neq k_2$$

Aus dem bekannten *ODER (ohne UND) gibt PLUS* folgt

$$\text{Prob}(Z \leq k) = \text{Prob}(Z = 0) + \text{Prob}(Z = 1) + \cdots + \text{Prob}(Z = k)$$

oder kurz

$$\text{Prob}(Z \leq k) = \sum_{i=0}^{k} \{\text{Prob}(Z = i)\} \stackrel{\text{def}}{=}: \text{ProbSum}(k)$$

Diese recht allgemeine Formel bedeutet speziell für die Bin-Verteilung

$$\text{Prob}(Z \leq k) = \sum_{i=0}^{k} \{\text{Bin}_{p;n}(i)\} \stackrel{\text{def}}{=}: \text{BinSum}(k)$$

Bin-Verteilung			1Würfel		p=1/6≈	0,167	n=	10			
k=	0	1	2	3	4	5	6	7	8	9	10
Bin(k)=	0,162	0,323	0,291	0,155	0,054	0,013	0,002	2E-04	2E-05	8E-07	2E-08
BinSum(k)=	0,162	0,485	0,775	0,930	0,985	0,998	1,000	1,000	1,000	1,000	1,000

BINOM.VERT(k;n;p;0) BINOM.VERT(k;n;p;1)

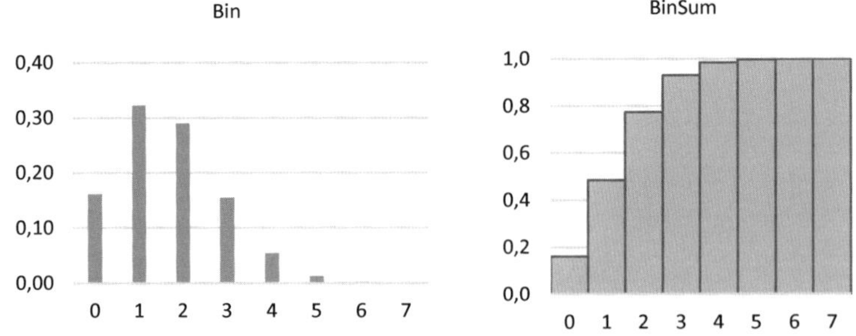

Abb 13: Bin und BinSum beim 1-Würfelexperiment

In EXCEL werden Bin- und BinSum-Werte mit `BINOM.VERT`(k;n;p;c) ermittelt. Das vierte Argument regelt mit c=0 oder c=1, ob Bin- oder BinSum-Werte berechnet werden.

Man sollte sich die sehr hohe Wahrscheinlichkeit

Prob(«bei 10mal würfeln gab es **HÖCHSTENS** 5mal eine ⚅»)
$= \text{BinSum}_{\frac{1}{6};10}(5) \approx 0.998$

in aller Ruhe klarmachen.

Tab 21: Weitere Eigenschaften der Bin-Verteilung (Abkürzung q:=1-p)

Maximum $\hat{k}$	$\lvert\hat{k} - n \cdot p\rvert < 1$ (⟶ Herleitungen)
Symmetrie	$\text{Bin}_{p;n}(k) = \langle p \leftrightarrow q \cap k \leftrightarrow n-k \rangle = \text{Bin}_{q;n}(n-k)$
k-Rekursion	$\frac{\text{Bin}(k+1)}{\text{Bin}(k)} = \frac{n-k}{k+1} \cdot \frac{p}{q}$ (⟶ Herleitungen)
n-Rekursion	$\text{Bin}_{p;n+1}(k) = p \cdot \text{Bin}_{p;n}(k-1) + q \cdot \text{Bin}_{p;n}(k)$

Praxis der Stochastik: Überbuchte Flüge

Fluggesellschaften (FG) stellen fest, dass von den Passagieren, die einen Flug buchen, oft nur ein Teil von p=95 ... 100% den Flug auch wirklich antritt.

Um eine möglichst vollständige Auslastung ihrer Flugzeuge zu erreichen, überbucht die FG ihre Flüge. Überbuchen heißt: Es werden mehr Tickets t verkauft als Sitzplätze s vorhanden sind: t>s.

Erscheinen mehr Fluggäste als Sitzplätze vorhanden sind, dann werden sie gefragt, wer auf diesen Flug verzichten möchte. Zur Verlockung werden großzügige Entschädigungen angeboten z.B.

- Preisnachlass für einen alternativen Flug,
- ein Flug morgen nach einer großzügig bezahlten Übernachtung im Flughafenhotel.

Wer zustimmt, wird umgebucht. Diese Taktik kann sich auf lange Sicht für die FG lohnen.

Die Wahrscheinlichkeit p für das Erscheinen eines Passagiers muss jede FG aus ihrer langjährigen Erfahrung ermitteln. Je besser sie das wahre p trifft, umso besser bewährt sich ihre Taktik. Dieses p kann für unterschiedliche Flugarten (Economy, Business etc.) verschieden sein.

Der CEO legt für einen Flug das p fest und lässt $t \geq s$ Tickets verkaufen. Er hat schon ein wenig stochastisches Denken gelernt und stellt seinem Chefmathematiker folgende Fragen:

[a] „Mit welcher Zahl an erscheinenden Passagieren muss ich im Mittel rechnen“?

[b] „Mit welcher Wahrscheinlichkeit bekommen alle erscheinenden Passagiere einen Sitzplatz“?

[c] „Mit welcher Wahrscheinlichkeit muss mehr als ein Passagier umgebucht werden“?

Der Mathematiker erkennt: Wenn jeder Passagier mit der gleichen Wahrscheinlichkeit p erscheint, dann ist das Erscheinen von k Passagieren eine k-fache Wiederholung eines ZuEx, also ein BeEx

$$\text{Prob}(\text{«von t Passagieren erscheinen genau k»}) = \text{Bin}_{p;t}(k)$$

Der Mathematiker sagt sich: Die Zahl Z der erscheinenden Passagiere ist eine typische ZuZa.

Sie ist binomialverteilt. Damit beantwortet der Mathematiker die vom Chef gestellten Fragen wie folgt:

[a] $\text{Erw}_{\text{Bin}} = p \cdot t$

[b] $\text{Prob}(Z \leq s) = \text{BinSum}_{p;t}(s)$

[c] $\text{Prob}(Z > s + 1) = 1 - \text{Prob}(Z \leq s + 1)$
$= 1 - \text{BinSum}_{p;t}(s + 1)$

Der Mathematiker ist an seiner Karriere interessiert und übergibt seinem Chef eine EXCEL-Tabelle, mit der dieser ‚spielen‘ kann.

Tab 22: Überbuchte Flüge

A 320 Economy			
s=	126	p=	95%
t	[a]	[b]	[c]
126	120	100,0%	0,0%
127	121	99,9%	0,0%
128	122	98,9%	0,1%
129	123	95,9%	1,0%
130	124	89,4%	3,9%
131	124	78,9%	10,2%

Die Berechnung in den Spalten [a], [b] und [c]

[a] = p · t

[b] = `BINOM.VERT`(s;t;p;1)

[c] = 1 − `BINOM.VERT` (s+1,t,p;1)

Der Chef kann nur in den dunkel hinterlegten Zellen Einträge machen; die restlichen sind schreibgeschützt. Die Spalte mit den Berechnungen bekommt der Chef natürlich nicht zu sehen. Der Chef ist trotzdem begeistert und erhöht spontan das Gehalt seines Mathematikers.

Die Leistungen des Mathematikers,

- Verteilung erkennen und festlegen (hier Bin),
- Ereignisse definieren und ihre Wahrscheinlichkeiten berechnen,

können als Modell für die Lösungen analoger Probleme (evt. verbunden mit Gehaltserhöhungen) dienen.

2.6 Die hypergeometrische Wahrscheinlichkeit

In einem Parlament (z.B. Bundestag oder Landtag) gibt es unter N Abgeordneten K Katholiken. Es soll ein parlamentarischer Ausschuss mit n<N Mitgliedern gebildet werden. Das Parlament beschließt, den Ausschuss rein vom Zufall gesteuert zu bilden. Dazu werden in eine Urne N Kugeln gelegt, für jeden Abgeordneten eine mit seinem Namen. Die Kugeln werden je nach Religionszugehörigkeit gefärbt, Katholiken natürlich **schwarz**.

Die Frage „*Wie viele Katholiken sind im Ausschuss?*“ kann niemand beantworten, wenn die Auswahl allein dem *Zufall* überlassen wird. Aber die Frage nach der *Wahrscheinlichkeit*

Prob(«im Ausschuss sitzen genau k Katholiken»)

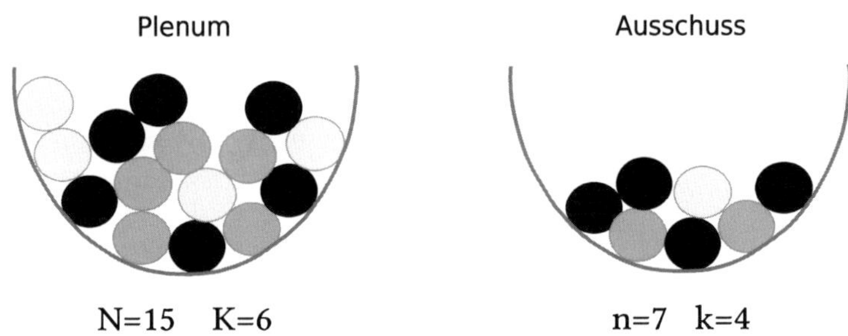

Abb 14: Die Hypergeometrische Wahrscheinlichkeit

kann die Stochastik beantworten. Die Kombinatorik lehrt:

Wenn aus N Parlamentariern n Ausschussmitglieder ausgewählt werden, dann gibt es dafür $\binom{N}{n}$ Möglichkeiten.

Wenn aus K Katholiken k UND aus (N−K) Nicht-Katholiken (n−k) ausgewählt werden,

dann gibt es dafür $\binom{K}{k} \cdot \binom{N-K}{n-k}$ Möglichkeiten. Aus UND wurde mal wieder MAL.

Bei einem LOTTO-Experiment kann wohl niemand ernsthaft an der LAPLACE-Unterstellung, »alle Ergebnisse sind gleich wahrscheinlich« zweifeln. Mit LAPLACE Prob = günstig/möglich wird

$$\text{Prob(«im Ausschuss sind genau k Katholiken»)}$$
$$= \text{Hyp}_{\text{N;K;n}}(\text{k}) := \binom{\text{K}}{\text{k}} \cdot \binom{\text{N}-\text{K}}{\text{n}-\text{k}} / \binom{\text{N}}{\text{n}}$$

Diese Hyp-Verteilung hat drei Parameter N;K;n und ein Argument k. Alle vier sind ∈ℕ. Weiter ist

$$\text{Prob(«im Ausschuss sind höchstens k Katholiken»)}$$
$$= \text{HypSum}_{\text{N;K;n}}(\text{k}) := \sum_{\text{i}=0}^{\text{k}} \{\text{Hyp}_{\text{N;K;n}}(\text{i})\}$$

Hyp und HypSum			N=	100	K=	40	n=	20			
k=	3	4	5	6	7	8	9	10	11	12	13
Hyp=	0,007	0,026	0,065	0,124	0,180	0,201	0,175	0,119	0,064	0,027	0,009
HypSum=	0,009	0,034	0,099	0,224	0,403	0,604	0,779	0,898	0,962	0,989	0,997

HYPGEOM.VERT(k;n;K;N;0) HYPGEOM.VERT(k;n;K;N;1)

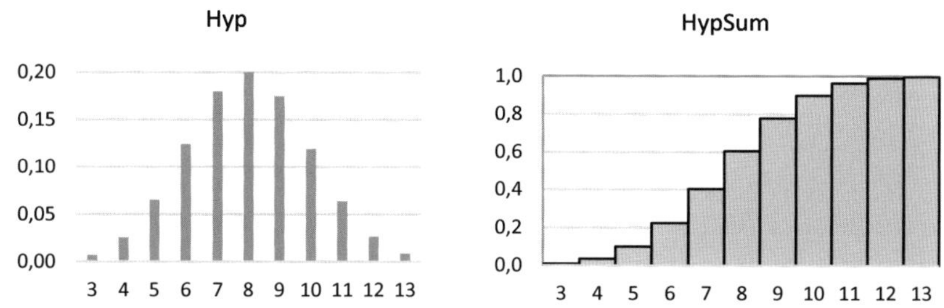

Abb 15: Eine Visualisierung der hyper-geometrischen Verteilung

Bin oder *Hyp*

Bei der Ausschussbildung wird eine gezogene Kugel nicht wieder zurückgelegt. Die Wahrscheinlichkeit für schwarz im ersten Zug ist p=K/N. Sie ändert sich aber bei jedem weiteren Zug, wenn nicht zurückgelegt wird. Würde man jede gezogene Kugel wieder zurücklegen, dann hätte man bei jedem Zug die gleiche Wahrscheinlichkeit p=K/N für schwarz also eine Bin-Verteilung. Stichproben erfolgen i.d.R. ohne Zurücklegen.

Zurück-legen		
	ja	$Prob(Z = k) = Bin_{K/N;n}(k)$
	nein	$Prob(Z = k) = Hyp_{N;K;n}(k)$

Prob(Z=k) ist eine vorweggenommene Bezeichnung, die erst im Abschnitt →*Zufallszahlen* genau erklärt wird.

Ein Bsp mit N=100; K=40; n=30; p=0.4

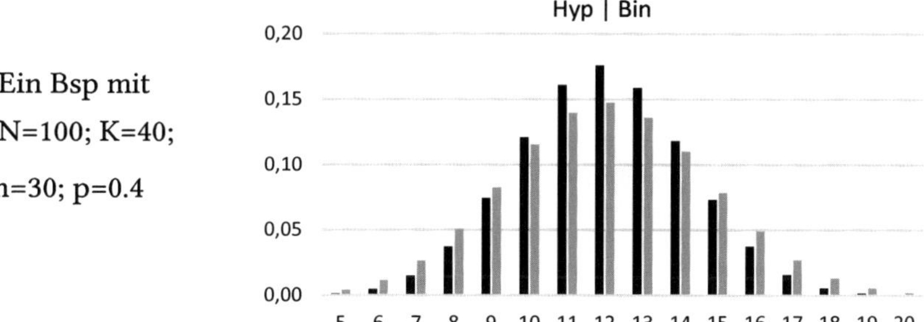

Abb 16: Ein Vergleich Bin oder Hyp

Praxis der Stochastik: Deutscher Bundestag

Der 19-te Deutsche Bundestag wurde 2017 gewählt und hat N=709 Mitglieder. Die Zahl der Katholiken war nicht zu ermitteln; aber die Zahl der Frauen F=219 (F/N=31%). In den Ausschuss »*Arbeit und Soziales*« wurden n=46 Parlamentarier gewählt. Würde man den Ausschuss per LOTTO-Ziehung (politischer Blödsinn!) bilden, dann könnte die Stochastik die Wahrscheinlichkeit für «f Frauen im n-Ausschuss» berechnen.

Tab 23: Frauenanteil eines Bundestagsausschusses

19. Deutscher Bundestag			2017						
N=	709	F=	219	n=	46		p=F/N=	31%	k^=	14
k=	8	10	12	14	16	18	20	22	24	27
Hyp=	1,5%	5,2%	10,4%	13,1%	10,7%	5,9%	2,2%	0,6%	0,1%	**3,7E-05**

Tatsächlich ist der Frauenanteil in diesem Ausschuss mit f=27, also f/n≈59%, überdurchschnittlich hoch. Rein stochastische hat f=14 die größte Wahrscheinlichkeit $Hyp_{N;F;n}(14) \approx 13\%$. Der wirkliche Frauenanteil f=27 hat rein stochastisch nur eine sehr geringe Wahrscheinlichkeit von $Hyp_{N;F;n}(27) \approx 0.0037\%$.

2.7 Die bedingte Wahrscheinlichkeit

Ich beginne mit einem Urnenbeispiel: In zwei Urnen $U_{1;2}$ befinden sich jeweils $w_{1;2}$ weiße und $s_{1;2}$ schwarze, also insgesamt $k_{1;2} = s_{1;2} + w_{1;2}$ Kugeln.

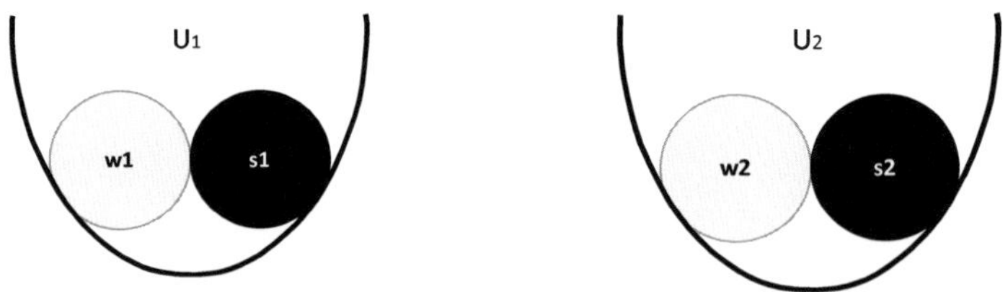

Abb 17: Zwei Urnen mit weißen und schwarzen Kugeln

Man wählt verdeckt eine Urne und zieht daraus verdeckt eine Kugel. Man interessiert sich für die Wahrscheinlichkeit des Ereignisses:

W: «die gezogene Kugel ist weiß»

Wenn man wüsste, welche Urne gewählt wurde:

U_i : «Urne i = 1,2 wurde gewählt»

wäre die Antwort leicht:

$$\mathrm{Prob}_{U_1}(W) = \frac{w_1}{k_1} \quad \text{und} \quad \mathrm{Prob}_{U_2}(W) = \frac{w_2}{k_2}$$

Das Ereignis U_i ist hier eine **Bedingung der Wahrscheinlichkeit.** Ich schreibe:

$$\mathbf{Prob_{Bedingung}(Ereignis)}, \text{ kurz } \mathbf{Prob_B(E)} \qquad (1)$$

Manche Autoren bevorzugen die Bezeichnung P(E|B); ich nicht.

Es handelt sich bei diesem Bsp um ein 2-stufiges ZuEx. Zuerst kommt die »Wahl der Urne« mit dem Ereignis $U_{1;2}$, dann kommt das »Ziehen der Kugel« mit dem Ereignis *E*. Dieses *Zuerst... dann...* wird meiner Meinung nach durch $Prob_{U_i}(E)$ besser (anschaulicher, übersichtlicher) ausgedrückt als durch $P(E|U_i)$. Dies ist Geschmackssache.

Es entsteht die Frage nach Prob(W) der Wahrscheinlichkeit für weiß ohne Bedingung. Das ist die Wahrscheinlichkeit für eine weiße Kugel, wenn man auch die Urnenwahl dem Zufall überlässt, also verdeckt wählt. Die Ereignis-Algebra sagt

$$W = \Big(\underbrace{U_1 \cap W}_{A}\Big) \cup \Big(\underbrace{U_2 \cap W}_{B}\Big) = \underbrace{A \sqcup B}_{\text{disjunkt}}$$

$$A \cap B = (U_1 \cap W) \cap (U_2 \cap W) = \underbrace{U_1 \cap U_2}_{\emptyset} \cap W = \emptyset$$

Man kann nicht U_1 UND U_2 wählen.

Der Additionssatz sagt

$$\begin{aligned} \mathrm{Prob}(W) = \mathrm{Prob}(A \sqcup B) &= \mathrm{Prob}(A) + \mathrm{Prob}(B) \\ &= \mathrm{Prob}(U_1 \cap W) + \mathrm{Prob}(U_2 \cap W) \end{aligned}$$

Erst im nächsten Bsp wird begründet, dass

$$\mathrm{Prob}(U \cap W) = \mathrm{Prob}(U) \cdot \mathrm{Prob}_U(W).$$

Damit folgt:

$$\mathrm{Prob}(W) = \underbrace{\mathrm{Prob}(U_1)}_{1/2} \cdot \mathrm{Prob}_{U_1}(W) + \underbrace{\mathrm{Prob}(U_2)}_{1/2} \cdot \mathrm{Prob}_{U_2}(W)$$
$$= \frac{1}{2} \cdot \left(\frac{w_1}{k_1} + \frac{w_2}{k_2}\right)$$

Dieses Prob(W) ist nicht-bedingt und wird **totale Wahrscheinlichkeit** genannt.

Ein zweites Bsp soll die Begriffe bedingte und totale Wahrscheinlichkeit weiter erläutern.

Beispiel: Rauchende Frauen

N Personen werden befragt, ob sie *rauchen* oder nicht, und außerdem wird festgehalten, ob sie *weiblich* oder *männlich* sind. Mit einer geeigneten Strichliste erhält man als Ergebnis der Befragung vier Zahlen als *absolute Häufigkeiten* rf, rm, nf, nm, die in einer ***4-Feldertafel*** übersichtlich dargestellt und ausgewertet werden:

Tab 24: 4-Feldertafel der ‚rauchenden Frauen'

	Frau ↓	Mann ↓	Σ →
Raucher R →	rf	rm	r = rf+rm
Nicht-raucher $\overline{R}$ →	nf	nm	n = nf+nm
Σ↓	f = rf+nf	m = rm+nm	N = f+m = r+n

Mit den Ereignissen F:«*Frau*», M:«*Mann*» und R:«*Raucher*» werden folgende *relative Häufigkeiten* definiert:

relative Häufigkeiten H	
Frauen	$H(F) = f/N$
Männer	$H(M) = m/N$
rauchende Frauen	$H(F \cap R) = rf/N$

rauchende Männer	$H(M \cap R) = rm/N$
Raucher	$H(R) = r/N$
Nichtraucher	$H(\bar{R}) = n/N = (N - r)/N$

Diese *relativen Häufigkeiten* sind alle **nicht-bedingt**, weil sie sich auf N, die Zahl der insgesamt Befragten beziehen. Wer sich aber für geschlechtliche Unterschiede interessiert, für den sind **bedingte relative Häufigkeiten** interessant.

Man muss folgende (rel) Häufigkeiten unterscheiden:

rauchende Frauen	Frauen, die rauchen
$H(F \cap R) = rf/N$	$H_F(R) = rf/f$

Das $H_F(R)$ ist *bedingt*, weil es sich nur auf den Frauenanteil bezieht.

Mit etwas Bruchrechnen sind folgende Zusammenhänge leicht einzusehen:

$$\mathrm{H(F \cap R)} = \frac{\mathrm{rf}}{\mathrm{N}} = \frac{\mathrm{f}}{\mathrm{N}} \cdot \frac{\mathrm{rf}}{\mathrm{f}} = \mathrm{H(F)} \cdot \mathrm{H_F(R)} \tag{2}$$

und

$$\begin{aligned}\mathrm{H(R)} &= \frac{\mathrm{r}}{\mathrm{N}} = \frac{\mathrm{rf} + \mathrm{rm}}{\mathrm{N}} = \frac{\mathrm{f}}{\mathrm{N}} \cdot \frac{\mathrm{rf}}{\mathrm{f}} + \frac{\mathrm{m}}{\mathrm{N}} \cdot \frac{\mathrm{rm}}{\mathrm{m}} \\ &= \mathrm{H(F)} \cdot \mathrm{H_F(R)} + \mathrm{H(\bar{F})} \cdot \mathrm{H_{\bar{F}}(R)},\end{aligned} \tag{3}$$

wobei ich einen »Mann« als »Nicht-Frau« ☺ bezeichnet habe: $\mathrm{M} = \bar{\mathrm{F}}$.

Da Wahrscheinlichkeiten empirisch aus relativen Häufigkeiten gewonnen werden, wird dies eins-zu-eins auf Wahrscheinlichkeiten übertragen

Merkspruch	Aus U∩D wird MAL, aber bedingt
Formel	$\mathrm{Prob(B \cap E)} = \mathrm{Prob(B)} \cdot \mathrm{Prob_B(E)}$

Für Axiomatiker wie KOLMOGOROV ist

$$\mathrm{Prob_B(E)} \overset{\text{def}}{:=} \frac{\mathrm{Prob(B \cap E)}}{\mathrm{Prob(B)} \neq 0} \tag{4}$$

schlicht eine ***Definition***. Da die UND-Verknüpfung kommutativ ist, kann man vertauschen B↔E und erhält die *Formel von BAYES*

$$\mathrm{Prob(B) \cdot Prob_B(E)} \underbrace{=}_{\mathrm{B \leftrightarrow E}} \mathrm{Prob(E) \cdot Prob_E(B)} \tag{5}$$

Aus (3) wird so:

Die totale Wahrscheinlichkeit
$\mathrm{Prob(E) = Prob(B) \cdot Prob_B(E) + Prob(\overline{B}) \cdot Prob_{\overline{B}}(E)}$

Sie berechnet die <u>nicht-bedingte</u>=totale Wahrscheinlichkeit aus <u>bedingten</u> Wahrscheinlichkeiten.

Auch für bedingte Wahrscheinlichkeiten gilt die bekannte Formel:

$$\mathrm{Prob_B(\overline{E}) = 1 - Prob_B(E)} \tag{6}$$

Der Beweis geht aus von einem Mengendiagramm.

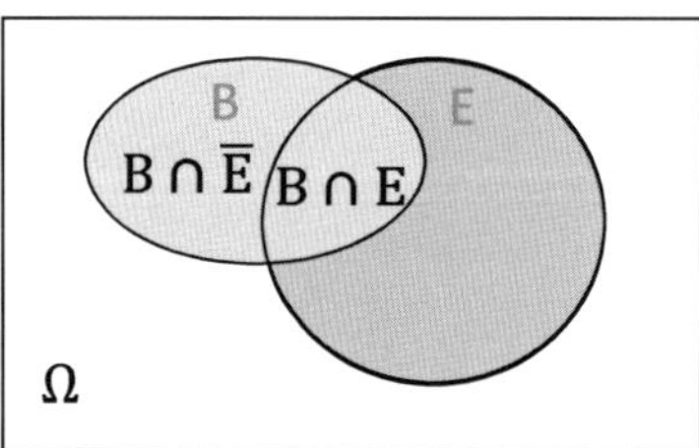

$$\mathrm{B = \big((B \cap \overline{E}) \sqcup (B \cap E)\big) \quad und \quad (B \cap \overline{E}) \cap (B \cap E) = \emptyset}$$

$$\begin{aligned}\mathrm{Prob(B)} &= \mathrm{Prob}\left(\underbrace{\mathrm{(B \cap \overline{E}) \sqcup (B \cap E)}}_{\text{disjunkt}}\right) = \mathrm{Prob(B \cap \overline{E}) + Prob(B \cap E)} \\ &= \mathrm{Prob(B) \cdot Prob_B(\overline{E}) + Prob(B) \cdot Prob_B(E)}\end{aligned}$$

Nach einer Division mit $\mathrm{Prob(B)} \neq 0$ folgt (6).

Die UND-Formel kann auf drei Ereignisse verallgemeinert werden:

$$\mathrm{Prob}\Big(\underbrace{A \cap B}_{D} \cap C\Big) = \mathrm{Prob}(D) \cdot \mathrm{Prob}_D(C)$$
$$= \mathrm{Prob}(A) \cdot \mathrm{Prob}_A(B) \cdot \mathrm{Prob}_{A \cap B}(C)$$

Eine Verallgemeinerung auf mehr als 3 Ereignisse sollte kein Problem sein.

Verallgemeinerung der bedingten und totalen Wahrscheinlichkeit auf mehrere Bedingungen

Man kann die oben geschilderte Raucherbefragung auch so durchführen, dass man nicht das Geschlecht, sondern den Familienstand = {ledig, verheiratet, geschieden, verwitwet} = {L, V, G, W} unterscheidet.

Die vier Familienstände bilden wie *Frau* und *Mann* eine sog. *paarweise disjunkte Zerlegung* der Ergebnismenge Ω. Dabei sind die jeweiligen Schnittmengen leer; z.B. ist $L \cap V = \emptyset$, und die Vereinigung aller ergibt die gesamte Ergebnismenge $L \sqcup V \sqcup G \sqcup W = \Omega$. Wählt man neutrale Bezeichnungen für solch eine Zerlegung und verallgemeinert die Bezeichner, so findet man

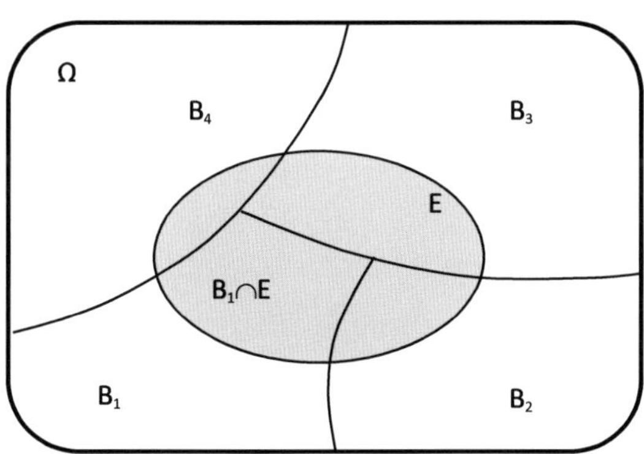

paarweise disjunkte Zerlegung

$$B_i \cap B_k = \emptyset \text{ und } B_1 \sqcup B_2 \sqcup \ldots \sqcup B_n = \Omega$$

bedingte Wahrscheinlichkeit

$$\mathrm{Prob}_{B_i}(E) = \frac{\mathrm{Prob}(B_i \cap E)}{\mathrm{Prob}(B_i)}$$

Satz von BAYES

$$\text{Prob(E)} \cdot \text{Prob}_{\text{E}}(\text{B}_\text{i}) = \text{Prob}(\text{B}_\text{i}) \cdot \text{Prob}_{\text{B}_\text{i}}(\text{E})$$

totale Wahrscheinlichkeit

$$\text{Prob(E)} = \sum_{\text{i}} \{\text{Prob}(\text{B}_\text{i}) \cdot \text{Prob}_{\text{B}_\text{i}}(\text{E})\}$$

Abb 18: Eine 4-fache Zerlegung in paarweise disjunkte Ereignisse B_i

Unabhängige Ereignisse

Oft kann man zwei Ereignisse als **unabhängig** ansehen.

Einfache Beispiele (vermeintlich) unabhängiger Ereignisse: mehrmaliges Würfeln mit dem gleichen Würfel; Würfeln mit zwei Würfeln; mehrmaliges Schießen auf eine Scheibe.

Vorsicht beim Schießen! Beim mehrmaligen Schießen könnte es sein, dass erste Misserfolge den Schützen nervös machen und seine Treffsicherheit bei nachfolgenden Schüssen beeinflussen. Dann wären nachfolgende Schüsse vom Ergebnis der ersten Schüsse NICHT unabhängig.

Etwas an den *Haaren herbei Gezogenes*: Man könnte einen Würfel bauen, der beim Werfen seinen Schwerpunkt verändert, und zwar je nach Ergebnis unterschiedlich. Dabei wäre Ingenieurskunst gefragt. Dann würde der zweite Wurf vom Ergebnis des ersten Wurfs beeinflusst und beide Würfe wären nicht mehr unabhängig!

Zwei Ereignisse A und B heißen *unabhängig,* wenn in der allgemeinen Formel

$$\text{Prob}(\text{A} \cap \text{B}) = \text{Prob(A)} \cdot \text{Prob}_{\text{A}}(\text{B})$$

die Bedingung entfällt; d.h. wenn

$$\text{Prob}(\text{A} \cap \text{B}) = \text{Prob(A)} \cdot \text{Prob(B)}$$

Beachtung verdient: Die Unabhängigkeit von Ereignissen ist keine Eigenschaft der Ereignisse alleine, ihre *Wahrscheinlichkeiten Prob* gehen mit in die Definition ein.

Ein weiteres Bsp: Bei einer Musterung werden Größe (A) und Gewicht (B) der Rekruten erfasst. Da größere Menschen auch schwerer sind, ist keine Unabhängigkeit zu erwarten.

Praxis der Stochastik: Eine klassische Aufgabe

Ein Industrieprodukt wird von drei Lieferanten A, B, C geliefert. Jeder Lieferant hat einen gewissen Anteil an der Gesamtlieferung und einen eigenen Ausschuss an defekten Produkten. Die Zahlenwerte sind in der Tabelle unten gegeben. Es stellen sich zwei Fragen:

a) Mit welchem Ausschuss ist insgesamt zu rechnen?

b) Ein der Gesamtlieferung entnommenes Produkt ist defekt. Mit welcher Wahrscheinlichkeit wurde es von A, B oder C geliefert?

Zur Beantwortung betrachtet man die Ereignisse
A_i: «das Produkt stammt von Lieferant A, B, C» und
D: «das Produkt ist defekt»

a) ist die Frage nach der totalen Wahrscheinlichkeit für das Ereignis D

$$\mathrm{Prob(D)} = \sum_i \{\mathrm{Prob(A_i)} \cdot \mathrm{Prob_{A_i}(D)}\} = 3.7\%$$

b) ist die Frage nach $Prob_D(A_i)$ und ist mit BAYES zu beantworten:

$$\mathrm{Prob_D(A_i)} = \underbrace{\mathrm{Prob(A_i)} \cdot \mathrm{Prob_{A_i}(D)}}_{\text{gegeben}} \Big/ \underbrace{\mathrm{Prob(D)}}_{\text{total}}$$
$$= 27.0\%|32.4\%|40.5\%$$

Tab 25: Ein Bsp zur bedingten und totalen Wahrscheinlichkeit

gegeben						
Lieferant=	A	B	C	∑		
Anteil=	20%	30%	50%	100%	=P(Ai)	
Ausschuss=	5%	4%	3%		=PAi(D)	
Auswertung						
P(Ai)*PAi(D)=	1,0%	1,2%	1,5%	**3,7%**	=P(D)	total
PD(Ai)=	**27,0%**	**32,4%**	**40,5%**			

Die Frage a) kann man allein mit dem „gesunden Menschenverstand" beantworten, indem man 1 000 Produkte ins Auge fasst. Die Antwort b) benötigt schon etwas Stochastik-Wissen. Bei der Lösung eines Stochastikproblems sollte man unbedingt **Ereignisse glasklar definieren** und dann die **richtigen Formeln** verwenden.

2.8 Ereignisbäume

Man kann mehrstufige ZuEx sehr anschaulich mit **Ereignisbäumen** visualisieren. Ich behandle das Thema Ereignisbäume nur sehr kurz, weil ich ihre Bedeutung für Stochastiklösungen für gering erachte.

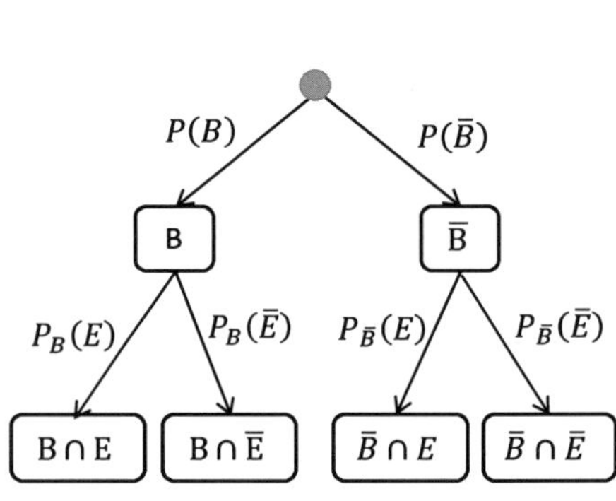

In den Rechtecken stehen Ereignisse.
An den Pfeilen stehen (bedingte) Wahrscheinlichkeiten. Bedingungen kommen zuerst.
Längs eines Pfades muss man die Wahrscheinlichkeiten multiplizieren:

$$P(B \cap E) = P(B) \cdot P_B(E).$$

Für die totale Wahrscheinlichkeit eines Ereignisses E muss man alle Zweige mit E in der Endzeile addieren:

$$P(E) = P(B \cap E) + P(\bar{B} \cap E)$$

Abb 19: Ein zweistufiges ZuEx visualisiert mit einem Ereignisbaum

Achtung Gartenfreunde: Man kann die Graphik des gezeigten *Ereignisbaums* als sein ‚unterirdisches Wurzelwerk' ansehen oder annehmen, dass er mit seinem ‚überirdischen Blätterwerk' auf dem Kopf steht. Es gibt auch die ‚liegende' Variante.

Eine Erfahrung mit einigen (nicht wenigen) meiner Studenten: Ihr Mathelehrer hatte offensichtlich das Thema ‚Ereignisbäume' als Hobby und sie vermissten in meiner Vorlesung eine ähnliche Begeisterung für dieses Thema. Ich glaube, Ereignisbäume sind sehr anschaulich, keine Frage. Aber: Bei der Lösung einer (Klausur-) Aufgabe ist ihre Zeichnung zeitraubend. Lösungen mit (den richtigen) Stochastikformeln und geeigneten Abkürzungen führen (meiner Meinung nach!) ohne Ereignisbaum oft schneller zur Lösung.

Ein weiteres Urnenbeispiel:

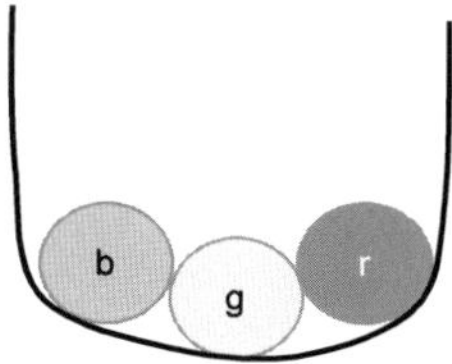

Abb 20: Eine Urne mit b blauen, g gelben, r roten Kugeln (k=b+g+r)

Der Urne werden nacheinander zwei Kugeln ohne Zurücklegen entnommen. Mit einfachen, aber naheliegenden Bezeichnungen ist:

- Prob(«zuerst blau») $= P(b) = \frac{b}{k}$
- Prob(«rot nach blau») $= P_b(r) = \frac{r}{k-1}$
- Prob(«blau nach blau») $= P_b(b) = \frac{b-1}{k-1}$

Ich verwende eine sehr verkürzte Schreibweise und hoffe auf Verständnis.

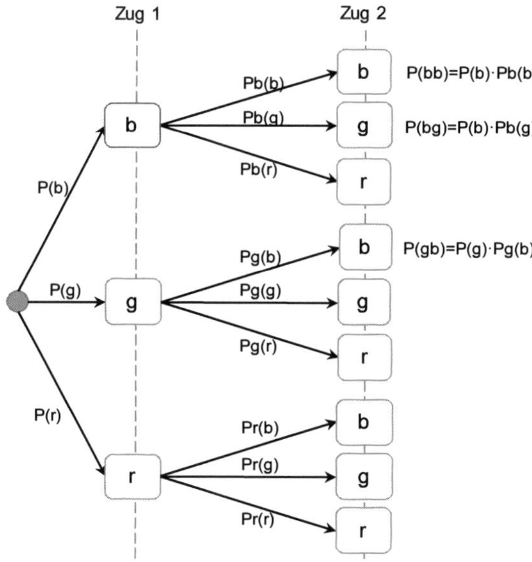

Abb 21: Ein Ereignisbaum zum Urnenproblem

In den abgerundeten Rechtecken stehen **Ereignisse**. An den Verbindungspfeilen stehen **Wahrscheinlichkeiten**, die ich kurz mit P bezeichne.

Die bekannte Formel

$$\text{Prob}(A \cap B) = \text{Prob}(A) \cdot \text{Prob}_A(B) \quad \text{„U}\cap\text{D gibt MAL aber bedingt"}$$

führt hier auf die *Pfadregel,* die besagt, dass man die einzelnen Wahrscheinlichkeiten multiplizieren muss. Um die Wahrscheinlichkeit

$$\begin{aligned}&\text{Prob(«die zweite Kugel ist blau»)}\\&\quad = P(bb \cup gb \cup rb) = P(b) \cdot P_b(b) + P(g) \cdot P_g(b) + P(r) \cdot P_r(b)\end{aligned}$$

zu berechnen, muss man die entsprechenden Produkte der Ereignisse b nach dem zweiten Zug im Baum addieren. Dies ist die Formel der nicht-bedingten, *totalen Wahrscheinlichkeit.*

$$\begin{aligned}P(bb \cup gb \cup rb) &= \frac{b}{k} \cdot \frac{b-1}{k-1} + \frac{g}{k} \cdot \frac{b}{k-1} + \frac{r}{k} \cdot \frac{b}{k-1}\\&= \frac{b \cdot (b-1+g+r)}{k \cdot (k-1)} = \frac{b}{k}\end{aligned}$$

Dazu noch ein Bsp:

$$\begin{aligned}&\text{Prob(«beide Kugeln haben die gleiche Farbe»)} = P(bb \cup gg \cup rr)\\&= P(b) \cdot P_b(b) + P(g) \cdot P_g(g) + P(r) \cdot P_r(r)\\&\qquad = \frac{b}{k} \cdot \frac{b-1}{k-1} + \frac{g}{k} \cdot \frac{g-1}{k-1} + \frac{r}{k} \cdot \frac{r-1}{k-1}\\&\qquad = \frac{b^2 + g^2 + r^2 - k}{k \cdot (k-1)}\end{aligned}$$

Etwas Kurioses: Das Ziegenproblem Quelle [16]

Ein Kandidat (K) eines Ratespiels kann in einer allerletzten Runde seinen endgültigen Gewinn bestimmen. Er wird vor 3 Türen gestellt und erfährt, dass hinter einer der 3 Türen der Hauptgewinn A (ein Auto, ein Ferrari) versteckt ist und hinter den anderen beiden je ein Trostpreis Z (eine Ziege). Der Kandidat soll nun seinen Gewinn (A oder Z) bestimmen, in dem er eine der 3 Türen wählt. Nach dieser K-Wahl öffnet der Moderator (M) eine der beiden anderen Türen, hinter der eine Ziege steht. Der Moderator weiß natürlich, was hinter jeder Tür verborgen ist. Jetzt sind nur noch zwei Türen verschlossen. Der Moderator überlässt nun dem Kandidaten die Möglichkeit, zu wechseln, also die andere Tür zu wählen. Es entsteht die Frage:

Soll der Kandidat wechseln?

Manche lassen sich zu der falschen Antwort verführen:

Nach der M-Aktion befinden sich hinter den beiden noch verschlossenen Türen das A und eine Z je mit der Wahrscheinlichkeit ½. Somit hat ein Wechsel oder kein Wechsel die gleiche Wahrscheinlichkeit.

Der Ablauf wird durch einen simplen *Ereignisbaum* erläutert.

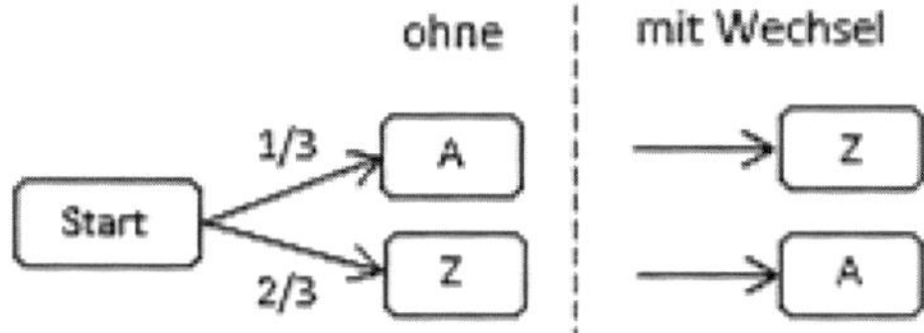

Bei seiner ersten Wahl trifft der Kandidat die A- oder eine Z-Tür mit den Wahrscheinlichkeiten 1/3 oder 2/3. Bei der Z-Wahl des Kandidaten mit 2/3 kann der Moderator nur die andere Z-Türe öffnen. Also steht hinter der nicht gewählten und nicht geöffneten Tür mit Sicherheit das Auto A. Man erkennt, dass der Kandidat das Auto A ohne Wechsel mit der Wahrscheinlichkeit 1/3 und mit Wechsel mit der doppelten Wahrscheinlichkeit 2/3 erhält. Man muss dem Kandidaten empfehlen: Wechsle!

3 Zufall, Erwartung und Verteilung

3.1 Zufallszahlen

Manchmal werden den Ereignissen eines ZuEx <u>*Zahlen*</u> zugeordnet. Ein Bsp:

Tab 26: Ein Bsp einer Zufalls-Zahl (ZuZa)

beim ZuEx	ist einem Ereignis	zugeordnet	die ZuZa AugenSumme
2Würfel	⚂ ⚅	→	Z=9

$$\text{ZuEx:}\;\; \text{Zufalls} - \text{Ereignis}\;\; E \subseteq \Omega \;\xrightarrow[\text{wird zugeordnet}]{}\; \text{ZufallsZahl}\;\; Z \in \mathbb{R}$$

Ich spreche von ***Zufallszahlen***, kurz **ZuZa**, und mein Lieblingsbezeichner dafür ist **Z**. Manche Autoren sprechen auch von Zufalls-*variablen* und viele bevorzugen *X* als deren Bezeichner.

Beispiele für ZuZa von populären ZuEx:

- ein Würfelspieler *zählt,* wie oft er die ⚅ gewürfelt hat
- ein Biathlet *zählt,* wie oft er getroffen hat
- eine Radarfalle der Polizei *misst Geschwindigkeiten*
- bei einer Musterung werden *Größe* und *Gewicht* eines Rekruten *gemessen*

Beim Würfelspiel und beim Biathlon kann es nur ganze (=diskrete) Zahlen 0, 1, 2, ... geben. Bei der Radarfalle und der Musterung ist eine beliebige Genauigkeit der Messwerte mit Kommazahlen denkbar. Es gibt daher zwei Arten von ZuZa:

diskret: $Z \in \mathbb{Z}$ und **stetig:** $Z \in \mathbb{R}$

Manche nennen *stetig* (mit einer gewissen Berechtigung) auch *kontinuierlich.*

Ich betrachte zunächst nur *diskrete* ZuZa und erst später *stetige.*

Man sollte bei den letzten beiden Beispielen beachten, dass in der Stochastik neben den gemessenen Werten (Geschwindigkeit, Größe und Gewicht) vor allem ihre Häufigkeiten von Interesse sind.

Beim Definieren von ZuZa kann eine gewisse Willkür vorliegen. Dies soll am ZuEx »2Würfel« erläutert werden. Man kann den Ereignissen zuordnen

Z = AugenSumme	∈ AS = {2,3, … ,12}	|AS| = 11
Z = AugenProdukt	∈ AP = {1,2, … ,36}	|AP| = 18
Z = |AugenDifferenz|	∈ AD = {0,1,2,3,4,5}	|AD| = 6

Beim Augenprodukt ist zu beachten, dass nur die Zahlen in Frage kommen, die nur Primfaktoren <7 haben. Bei der Augendifferenz ist der Betrag |2−3|=|3−2|=1 gemeint.

Die folgenden Bsp sollen zeigen, dass solche Zuordnungen in einem Bereich von *naheliegend* bis *willkürlich* liegen können.

ZuEx: »Glücksspiel« ⟶ Z=Gewinn *willkürlich*

Bei Glücksspielen wie Würfeln, Roulette, TOTO, LOTTO, ... wird einem Ereignis ein Gewinn Z in € gemäß den Spielregeln recht willkürlich zugeordnet.

ZuEx: »Klausur« ⟶ Z=Note *etwas willkürlich*

Die Leistung einer Klausur wird mit einer Note, einer *ZuZa* beurteilt.

Natürlich ist es fragwürdig, das *Schreiben einer Klausur*, als Zufallsexperiment zu bezeichnen!

BeEx: »n-maliges Wiederholen des gleichen ZuEx« ⟶ Z=Zahl der Erfolge *fast zwingend*

BERNOULLI‘s berühmte Erkenntnis ist $Prob(Z = k) = Bin_{p;n}(k)$

ZuEx: Werfen eines Reißnagels → Z=?

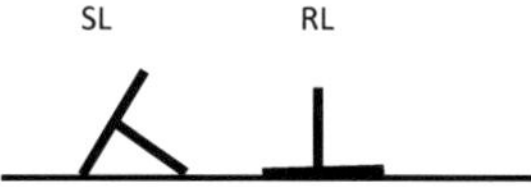

Abb 22: Seiten- und Rückenlage eines geworfenen Reißnagels

Es macht wenig Sinn, den beiden Ereignissen (Seiten- und Rückenlage) eine ZuZa zuzuordnen. Eine solche Zuordnung wäre äußerst willkürlich. Versuche mit Reißnägeln sollen (anscheinend) erbracht haben, dass Prob(SL)=60% und Prob(RL)=40% ist. Beide elementaren Wahrscheinlichkeiten sind interessant, haben aber NICHTS mit einer ZuZa zu tun.

Histogramme

Bsp: Radarfalle

Das Protokoll einer Radarfalle (100m hinter dem Ortsschild) könnte wie folgt aussehen:

xi=	<50	50-54	55-59	60-64	65-69	>69	∑
ni=	81	123	234	355	345	96	1234
hi=	0,066	0,100	0,190	0,288	0,280	0,078	1,00

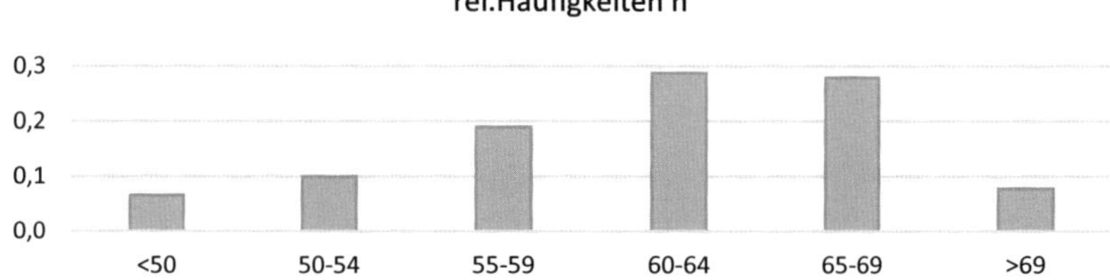

Abb 23: Die Messergebnisse einer Radarfalle

Es zeigt die absoluten n_i und relativen Häufigkeiten $h_i=n_i/\Sigma n_i$ der gemessenen Geschwindigkeiten x_i (immer in km/h). Im Intervall x=50−69 ist eine Auflösung von $\Delta x=5$ protokolliert. Jemand (z.B. ein Verkehrspsychologe) möchte nun diese Häufigkeiten mit z.T. feinerer Auflösung haben. Aus den Protokollen der Polizei ist diese feinere Auflösung von $\Delta x=1$ zu ermitteln.

Tab 27: Die Messergebnisse mit feinerer Auflösung

xi=	<50	50-52	53-54	55-59	60	61	62	63	64	65-69	>69	∑
Δxi=		3	2	5	1	1	1	1	1	5		
ni=	81	98	25	234	69	71	72	66	77	345	96	1234
hi=	0,066	0,079	0,020	0,190	0,056	0,058	0,058	0,053	0,062	0,280	0,078	1,00
fi=		0,026	0,010	0,038	0,056	0,058	0,058	0,053	0,062	0,056		

Man beachte: Es gibt unterschiedliche Breiten von Intervallen: Δx_i=3,2,5,1,1,1,1,1,5.

Stabdiagramme für n oder h sind bei unterschiedlichen Δx-Intervallen nicht sinnvoll.

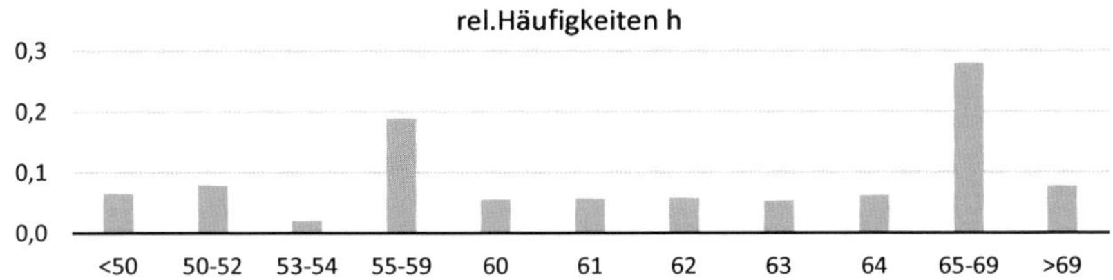

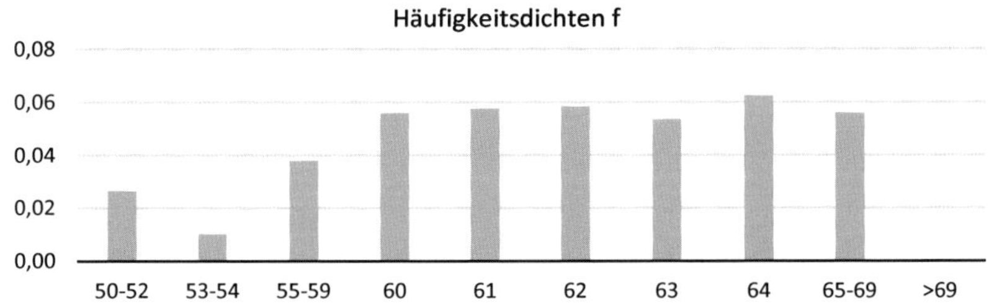

Abb 24: Häufigkeit und Häufigkeitsdichte

Das h-Stabdiagramm suggeriert den falschen Eindruck, dass Werte im Bereich 60 ... 65 gering waren. Besser ist es, rel. Häufigkeiten auf das **Intervall** zu beziehen, also ***Häufigkeitsdichten***

$$f_i = \frac{h_i}{\Delta x_i} \quad \Rightarrow \quad h_i = f_i \cdot \Delta x_i \qquad (2)$$

zu bilden. Aber selbst das f-Stabdiagramm vermittelt noch einen falschen Eindruck, weil es graphisch nicht die unterschiedliche Auflösung Δx_i berücksichtigt. Häufigkeiten h_i können nach (2) als

Rechtecke der Höhe f_i und der Breite Δx_i angesehen werden. Sie werden sehr anschaulich durch ein ***Histogramm*** visualisiert:

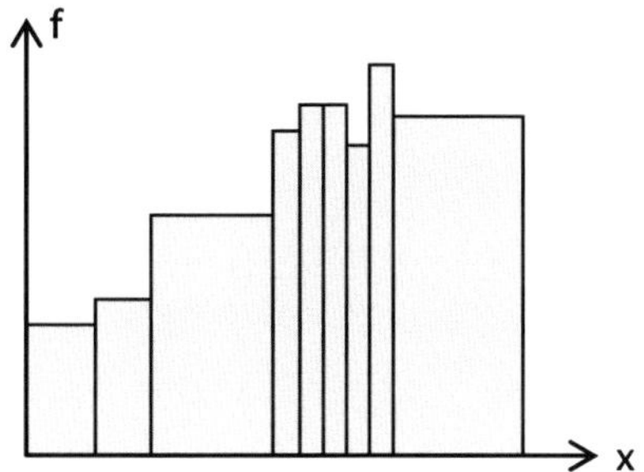

Abb 25: Ein Histogramm der Häufigkeitsdichte f

Die unterschiedlichen Auflösungen Δx_i sind optisch sehr schön zu erkennen.

Relative Häufigkeiten h für ein größeres Intervall berechnet man als Summe über solche Rechtecke

$$h(a \leq x < b) = \sum_i \{f_i \cdot \Delta x_i\} \tag{3}$$

Dazu ein Bsp mit Werten der oben geschilderten Radarfalle:

$$h(53 \leq x < 63)$$
$$= 0.010 \cdot 2 + 0.038 \cdot 5 + 0.056 \cdot 1 + 0.058 \cdot 1 + 0.058 \cdot 1 = 0.382$$

Stetige Zufallszahlen

Ich verfolge die Wahrscheinlichkeitsdichte f weiter, beschränke mich aber auf eine einheitliche Auflösung Δx.

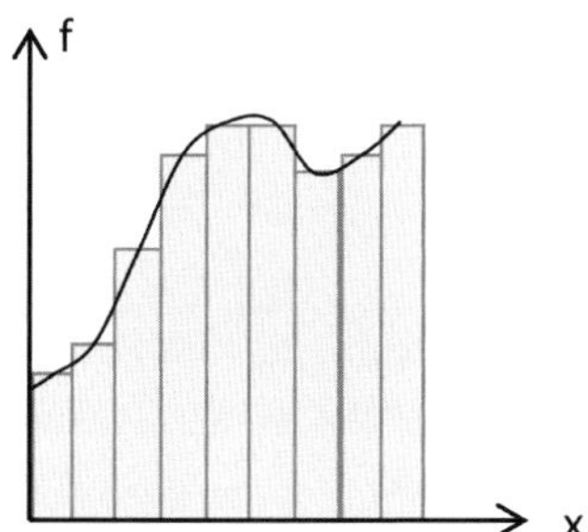

Abb 26: Ein Histogramm der Häufigkeitsdichte f

Die oberen Mittelpunkte der Rechtecke der diskreten Häufigkeitsdichten wurden mit einer stetigen Funktion f(x) verbunden. Wen dieses Bild an die Einführung des Integralbegriffs erinnert, der liegt vollkommen richtig. Bei immer feiner werdender Auflösung $\Delta x \to 0$ wird aus der Summe (3) das Integral

$$\sum_i \{f_i \cdot \Delta x_i\} \xrightarrow[\Delta x_i \to 0]{} \int \{f(x) \cdot dx\} \tag{4}$$

Aus den diskreten Häufigkeitsdichten f_i wird die stetige Häufigkeits-Dichte f(x). Manche nennen *stetig* mit einer gewissen Berechtigung auch *kontinuierlich.*

Häufigkeitsdichten f sind keine Häufigkeiten, aber man kann mit ihnen Häufigkeiten berechnen.

Bei einer stetigen ZuZa kann man Häufigkeiten nur für ein Intervall angeben:

$$h(a < Z < b) = \int_a^b \{f(x) \cdot dx\} \tag{5}$$

Häufigkeitsdichten stetiger ZuZa haben noch eine verblüffende Eigenschaft.

Fragt man bei der Radarfalle nach der Zahl der Fahrzeuge, die mit x = 65,432 km/h erwischt wurden, dann kann die Antwort nur KEINES lauten. Wenn es doch eines gegeben haben sollte, dann braucht man nur die Zahl der Nachkommastellen zu steigern, um einzusehen, dass für *stetige* ZuZa (vielleicht etwas verblüffend) gilt

$$h(Z = x) = 0 \tag{6}$$

Wenn man von Häufigkeiten zu Wahrscheinlichkeiten stetiger ZuZa übergeht, dann verlangt die Axiomatik (KOLMOGOROV):

Wahrscheinlichkeitsdichten

Bei stetigen ZuZa muss für weitere stochastische Überlegungen die ***Wahrscheinlichkeitsdichte*** f(x) *gegeben* sein.
Sie darf *nicht negativ* und muss normiert sein:

$$f(x) \geq 0 \quad \text{und} \quad \int_{\text{alle } x} \{f(x)\} \triangleq 1$$

Wahrscheinlichkeiten von stetigen ZuZa gibt es nur für Intervalle

$$\text{Prob}(a < x \leq b) = \int_a^b \{f(x)\}$$

Solch stetige Wahrscheinlichkeitsdichten f sind etwas Abstraktes, man kann sie meist nicht komplett messen. Man kann bestenfalls einige diskrete Werte messen und f dann als glatte, stetige Funktion durch die Messpunkte legen, ähnlich wie bei der *Regression.* Oft ergibt sich das f(x) aus allgemeinen theoretischen Überlegungen, wie z.B. bei der Normalverteilung (→ Abschnitt 3.6).

Der Übergang diskret ⟶ stetig wird bei Bin ⟶ Norm noch eine große Rolle spielen.

Eine ganz allgemeine mathematische Einsicht ist, dass manchmal *das analoge stetige Problem einfacher als das diskrete* zu lösen ist. So sind z.B. die diskreten Summen

$$\textstyle\sum_i \{i^k\}$$

für k≠0;1 nicht einfach zu berechnen, aber das analoge stetige Integral

$$\int \{x^r\} = \begin{Bmatrix} x^{r+1}/(r+1) & \mathit{für} & r \neq -1 \\ \ln|x| & \mathit{für} & r = -1 \end{Bmatrix}$$

ist für ALLE r∈ℝ (!) kein Problem.

3.2 Verteilungen

Wenn man Ereignissen eine ZuZa Z zuordnet, dann gibt es neue, sog. ***ZuZa-Ereignisse*** der Art

«Z=3» «Z=k» «Z>5» «Z≤k» usw.

Solche ZuZa-Ereignisse haben ***ZuZa-Wahrscheinlichkeiten*** wie z.B.

Prob(«Z = 3»)

Ich vereinfache meist die Bezeichnung:

Prob(«Z = 3») → ⟨einfacher⟩ → Prob(Z = 3).

Fasst man bei dem ZuZa-Ereignis «Z=k» ALLE möglichen k-Werte ins Auge, dann spricht man von einer ***Verteilung***.

Der Begriff ***Verteilung*** hat eine etwas andere Bedeutung.

- Bei *diskreten* ZuZa ist sie: die *Wahrscheinlichkeit* Prob(Z=k)
- Bei *stetigen* ZuZa ist sie: die *Wahrscheinlichkeitsdichte* f(x)

In beiden Fällen werden alle möglichen k|x-Werte ins Auge gefasst.

Die ZuZa Z kann diskret oder stetig sein. Ich betone diesen Unterschied oft dadurch, dass ich z anders bezeichne: $z_{diskret} \longrightarrow$ k und $z_{stetig} \longrightarrow$ x.

Der Begriff *Verteilung* macht auch (schon) für *Häufigkeiten* einen Sinn. So kann ein Lehrer die Verteilung seiner 6 Noten auf 20 Klassenarbeiten wie folgt angeben:

k	nk	hk
1	2	0,10
2	4	0,20
3	6	0,30
4	5	0,25
5	2	0,10
6	1	0,05
∑=	20	1,00

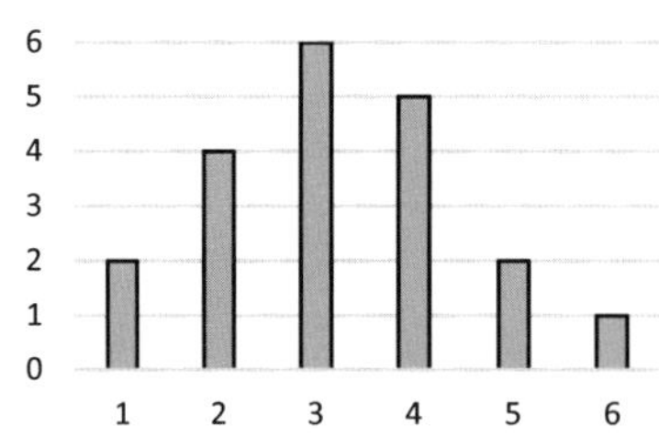

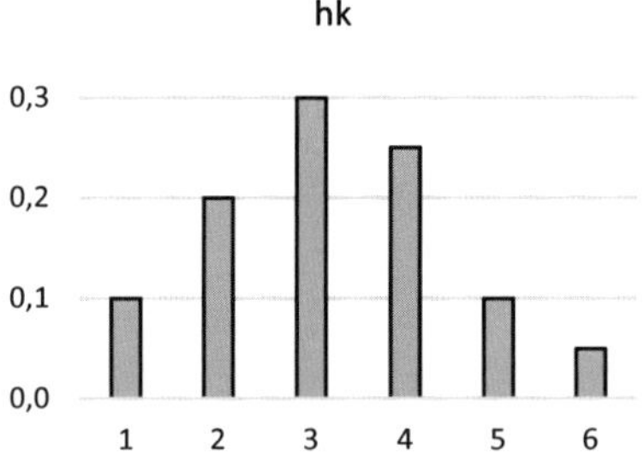

Der Lehrer wird die n_k-Tabelle bevorzugen, die Stochastik bevorzugt die h_k-Tabelle mit $h_k = n_k / \sum_{\text{alle } i}\{n_i\}$.

Neben der eigentlichen Verteilung Prob(Z = z) wird auch oft noch die sog. ***Verteilungsfunktion*** Prob(Z ≤ z) betrachtet.

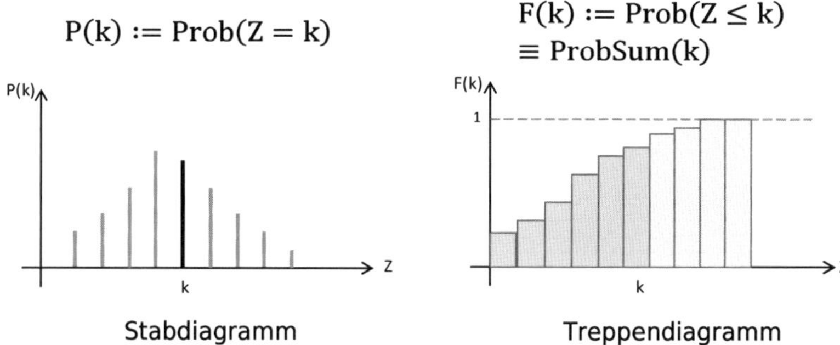

Abb 27: Verteilung P und Verteilungsfunktion F diskret

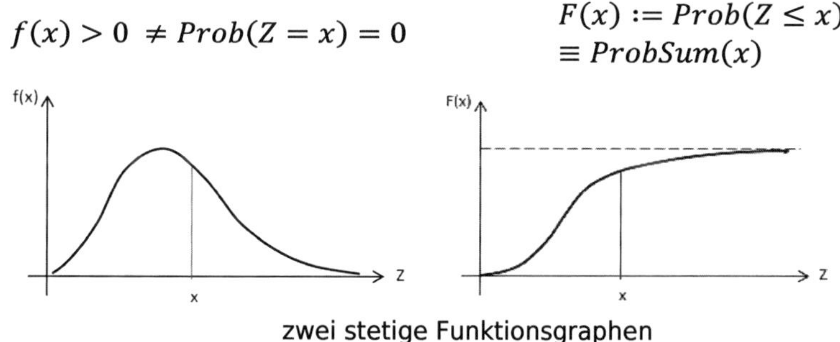

Abb 28: Wahrscheinlichkeitsdichte f und Verteilungsfunktion F stetig

Die Verteilungsfunktion F ist immer monoton wachsend; d.h. F(b > a) ≥ F(a).

Die Tatsache, dass für stetige ZuZa Z immer Prob(Z = x) = 0 ist, hat die angenehme Folge, dass man bei ZuZa-Wahrscheinlichkeiten für stetige ZuZa (aber nur bei diesen!) die Ungleichheitszeichen < und ≤ sowie > und ≥ NICHT unterscheiden muss.

Die beiden wichtigen Stochastikbegriffe: ***Verteilung*** und ***Verteilungsfunktion*** sind also ***ZuZa-Wahrscheinlichkeiten***, wobei immer *an alle möglichen Z-Werte* gedacht wird.

Man kann bedauern, dass für zwei wichtige Stochastikfunktionen *Wahrscheinlichkeitsdichte* und *Verteilungsfunktion* so schlichte *Alle-Welt-Bezeichner* wie f und F als Abkürzungen verwendet werden. Aber es ist unausrottbare Tradition.

Ich bevorzuge (klein) k für irgendeinen der möglichen Z-Werte einer **diskreten** und (klein) x für einen möglichen Wert einer **stetigen** ZuZa. Bei Aussagen, bei denen Z stetig ODER diskret sein kann, verwende ich (klein) z für einen konkreten Z-Wert. Manche Autoren verwenden f(k) auch für diskrete ZuZa; ich NICHT. Ich verwende die Abkürzung $\mathrm{P(k)} := \mathrm{Prob(Z = k)}$ nur für die Verteilung diskreter ZuZa und f(x) nur für die *Wahrscheinlichkeitsdichte* stetiger ZuZa.

Das in der Literatur weit verbreitete P() für die allgemeine Wahrscheinlichkeit hat also bei mir nur die angegebene enge Bedeutung.

Meine sicher etwas gewöhnungsbedürftige Bezeichnung *ProbSum* verwende ich wie folgt:

$$\mathrm{ProbSum(k)} := \mathrm{Prob(Z \leq k)} = \sum\nolimits_{\text{alle } i \leq k} \left\{ \underbrace{\mathrm{Prob(Z = i)}}_{\mathrm{P(i)}} \right\}$$

Bei stetigen ZuZa muss man die Summe durch ein Integral ersetzen.

$$\mathrm{ProbSum(x)} := \mathrm{Prob(Z \leq x)} = \int_{\text{alle } t \leq x} \{\mathrm{f(t)}\}$$

Dabei habe ich das Differential *dt* ‚schlampig' weggelassen. Dies, um die Ähnlichkeit mit der diskreten Summe zu visualisieren. Ich werde dies immer mal wieder tun, ich hoffe, das stiftet keine Verwirrung. In beiden Fällen ist

$$\mathrm{ProbSum(a \ldots b)} := \mathrm{Prob(a < Z \leq b)} = \mathrm{ProbSum(b)} - \mathrm{ProbSum(a)}$$

Man kann alle diskrete ZuZa-Wahrscheinlichkeiten auf die *Verteilungsfunktion* F zurückführen. Bsp:

$$\begin{aligned} \mathrm{Prob(Z = k)} &= \mathrm{Prob(Z \leq k)} - \mathrm{Prob(Z \leq k - 1)} \\ &= \mathrm{ProbSum(k - 1 \ldots k)} = \mathrm{F(k)} - \mathrm{F(k - 1)} \end{aligned}$$

$$\mathrm{Prob(Z > k)} = 1 - \mathrm{Prob(Z \leq k)} = 1 - \mathrm{ProbSum(k)} = 1 - \mathrm{F(k)}$$

$$\text{Prob}(a < Z \leq b) = \text{Prob}(Z \leq b) - \text{Prob}(Z \leq a) = \text{ProbSum}(a \ldots b)$$
$$= F(b) - F(a)$$

Bei stetigen ZuZa ist zu beachten, dass $\text{Prob}(Z = x) = 0$ und es Wahrscheinlichkeiten nur für Intervalle $\text{Prob}(u < Z < v) = \int_u^v \{f(x)\} = F(v) - F(u)$ gibt. Angenehm dabei ist, dass man $<$ und $\leq$ nicht unterscheiden muss.

Beispiel

Es wird mit einem Würfel gewürfelt bis zum Eintreffen der ersten ⚅, aber höchstens m-mal.

Die ZuZa Z zählt die Würfe. Es sind zwei Verläufe denkbar:

- Die erste ⚅ trat beim k-ten Versuch ein, mit k<m
- Bei den ersten (m-1) Versuchen gab es keine ⚅; das Ergebnis des m-ten Versuchs ist belanglos, da auf jeden Fall abgebrochen wird.

Mit $p = 1/6$ und $q := 1 - p = 5/6$ wird

$$\text{Prob}(Z = k) \equiv P(k) = \begin{Bmatrix} q^{k-1} \cdot p & k < m) \\ q^{m-1} & k = m \end{Bmatrix}$$

$$\text{Prob}(Z \leq k) \equiv F(k) = \sum_{i=1}^{k} \{P(i)\}$$

Für m=10 findet man so

p=	0,167		q=	0,833					m
k=	1	2	3	4	5	6	7	8	9	10
P(k)=	0,167	0,139	0,116	0,096	0,080	0,067	0,056	0,047	0,039	0,194
F(k)=	0,167	0,306	0,421	0,518	0,598	0,665	0,721	0,767	0,806	1,000

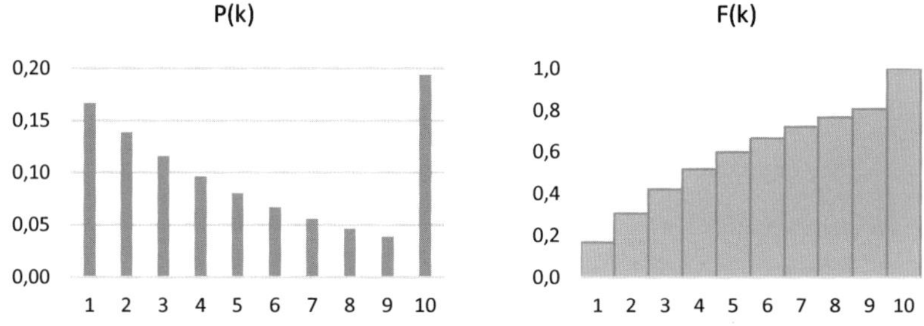

Abb 29: Würfeln bis zu einer 6, aber höchstens 10 mal

Den Peak bei k=m=10 kann man verstehen, wenn man bedenkt, dass beim letzten Wurf ALLE Ergebnisse ⚀, ..., ⚅ möglich sind. P(k) ist normiert

$$\sum_{k=1}^{m}\{P(k)\} \underbrace{=}_{j=k-1} p \cdot \underbrace{\sum_{j=0}^{m-2}\{q^j\}}_{geo.Reihe} + q^{m-1}$$

$$= p \cdot (1-q^{m-1}) / \underbrace{(1-q)}_{p} + q^{m-1} = 1$$

Lässt man die Einschränkung „aber höchstens m-mal" fallen, dann ist ein beliebig großes m möglich und

$$\mathrm{Prob}(Z = k) \equiv P(k) = q^{k-1} \cdot p \qquad \text{mit } k = 1,2,\dots,\infty.$$

Die Normiertheit bleibt erhalten:

$$\sum_{k=1}^{\infty}[P(k)] = p \cdot \underbrace{\sum_{j=0}^{\infty}[q^j]}_{geo.Reihe} = p / \underbrace{(1-q)}_{p} = 1$$

Es fällt (emotional) immer wieder schwer einzusehen, dass es für die ZuZa Z im Prinzip keine Obergrenze gibt! Man muss sich an die „Denke" der Stochastik gewöhnen. Sie behauptet, dass es *möglich* ist, dass jemand nach 10-, 100-, 1000-mal würfeln keine ⚅ gewürfelt hat! Sie sagt aber auch, dass dies *äußerst unwahrscheinlich* ist.

$$P(k) = \left(\frac{5}{6}\right)^k$$

k=	1	10	100	1 000	...
P(k)=	0,833	0,162	1,2E-08	6,6E-80	

Wenn jeder der ca. 7 Mrd. Erdbewohner (2020) 100-mal würfelt, dann ist es sehr wahrscheinlich, dass $7 \cdot 10^9 \cdot 1.2 \cdot 10^{-8} \approx 84$ Erdbewohner keine ⚄ gewürfelt haben.

Quantile

Ich nenne ein *Quantil* schlicht eine *invProbSum*.

$$\mathrm{ProbSum}(\mathbf{z} = ?) = \mathrm{PS} = \text{gegeben}$$
$$\Rightarrow \mathbf{z} = \mathrm{invProbSum(PS)} = \text{ein „Quantil"}$$

EXCEL bietet für alle wichtigen Verteilungen diese *invProbSum* an; z.B. `BINOM.INV`, `NORM.INV`

ProbSum-Funktionen sind immer monoton wachsend und haben die Obergrenze 1.

Bei stetigen ZuZa ist die Inversion kein Problem, da ProbSum immer streng monoton wächst.

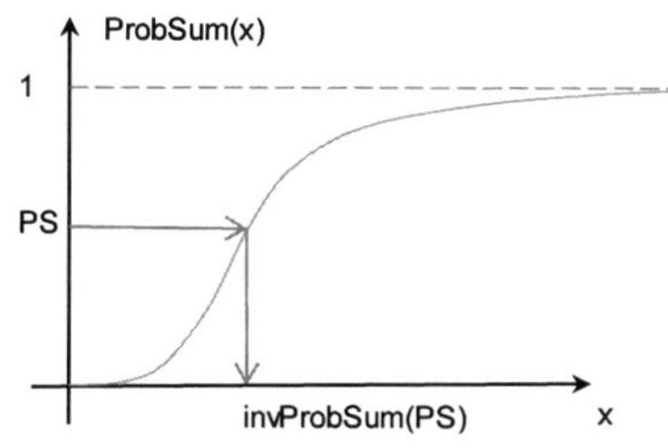

Bsp: NormSum

vorgegeben ist	PS=	0,6
NORM.INV(PS;0;1)=	x≈	0,253
NORM.VERT(x;0;1;1)=		0,6

Abb 30: Quantil stetig

Mit der *NormSum* als Bsp habe ich auf die Normalverteilung (⟶ Abschnitt 3.6) vorgegriffen.

Aber bei diskreten ZuZa ist *ProbSum treppenartig* und daher ist die Inversion ein (kleines) Problem.

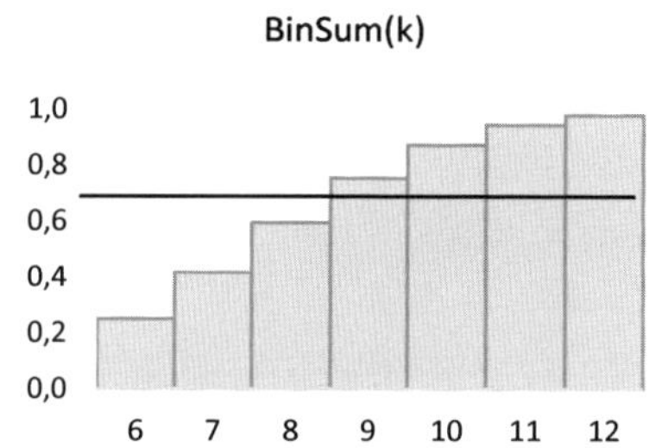

p=	0,4	n=	20 BS= 0,6	
k	BinSum	<>		
6	0,250	<		
7	0,416	<		
8	0,596	<		
9	**0,755**	>	BINOM.INV(n;p;BS)=	9
10	0,872	>		
11	0,943	>		
12	0,979	>		

Abb 31: Quantil diskret am Bsp invBinSum

Das Problem $\text{BinSum}_{0.4;20}(\text{k} =?) = 0.6$ kann nur mit zwei Ungleichungen beantwortet werden:

$$\text{BinSum}(\text{k} < 9) < 0.6 < \text{BinSum}(\text{k} \geq 9)$$

Eine Antwort k=8.3 wäre unsinnig.

Excel bietet `BINOM.INV`(n;p;BS) an, obwohl Bin diskret ist. Bsp: `BINOM.INV`(20;0.4;0.6)=9. Dies macht ein Durchsuchen der BinSum-Tabelle überflüssig,

3.3 Der Erwartungswert

Zur Einführung ein besonders einfaches Beispiel:

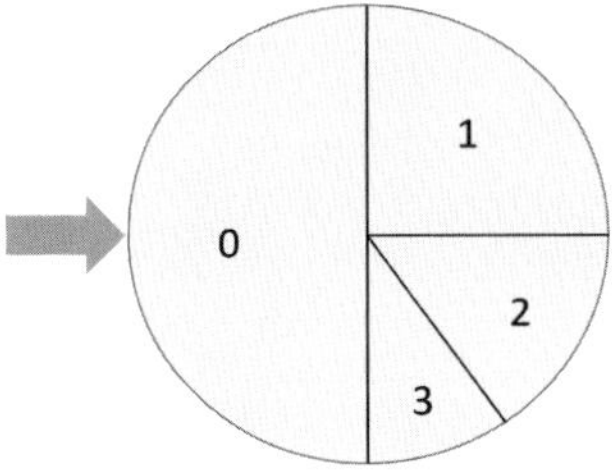

GlücksRad					Σ
Sektor°=	180	90	60	30	360
p=	1/2	1/4	1/6	1/12	1
a/e=	0	1	2	3	
Erw=	0	0,250	0,333	0,250	**0,833**

Abb 32: Das Glücksrad

Ein Spieler darf nach Zahlung eines beliebigen Einsatzes e das Glücksrad drehen. Das Glücksrad bleibt nach einigen Umdrehungen zufällig in einem der 4 Sektoren stehen. Der Spieler erhält das im Sektor angegebene (a/e)-fache seiner Einzahlung. Diese (a/e)-Werte sind ZuZa, die der Spielbetreiber völlig willkürlich gewählt hat. In der Zeile ***Erw*** sind die *Gewinnerwartungen* $(a/e) \cdot p$ eines Spielers für jeden Sektor und ihre Summe

$$\sum\{(a/e) \cdot p\} \approx 0.833.$$

aufgelistet. Ein notorischer Spieler kann auf lange Sicht dieses Verhältnis Aus-/Einzahlung **erwarten**. Er muss demnach bei diesem Glücksrad auf lange Sicht mit einem Verlust von 16,7% seines Einsatzes rechnen. Den Spielbetreiber macht dies natürlich glücklich. Wenn er versucht, die Attraktivität seines Spiels durch andere a/e-Werte zu steigern,

Tab 28: Glücksrad mit neuen Werten

GlücksRad					Σ
a/e=	0	1	2	**4**	
Erw=	0,000	0,250	0,333	0,333	**0,917**

GlücksRad					Σ
a/e=	0	1	**3**	**4**	
Erw=	0,000	0,250	0,500	0,333	**1,083**

dann sind seine Spieler glücklicher. Aber beim letzten Bsp ist seine Insolvenz mit ~8.3% Dauerverlust absehbar.

Tab 29: Definition des Erwartungswertes

	diskret	stetig
$\text{Erw}(Z) \equiv \mu :\stackrel{\text{def}}{=}$	$\sum_{\text{alle k}} \{k \cdot P(k)\}$	$\int_{\text{alle x}} \{x \cdot f(x)\}$

Wobei ich die Abkürzung $\text{Prob}(Z = k) \underbrace{\rightarrow}_{\text{kurz}} P(k)$ benützt habe.

Der ***Erwartungswert*** wird auch gern mit **μ** abgekürzt. Das griechische μ (gesprochen mü) entspricht dem lateinischen ‚m' und dieses steht für **M**ittelwert. **μ** ist in der Stochastik als Kurzbezeichner für den Erw reserviert und darf in keiner anderen Bedeutung verwendet werden.

Ich habe beim stetigen Integral das Differential ‚schlampig' weggelassen, damit die Ähnlichkeit zur Summe augenfälliger wird. Ich werde das immer wieder tun.

Viele Autoren bezeichnen den *Erwartungswert* nur mit E. Da E u.a. schon als Bezeichnung für ein *Ereignis* vorkommt, werde ich in diesem Buch immer die längere Version *Erw* oder die Abkürzung μ verwenden.

Der Begriff *Erwartungs-Wert* wird oft auf Funktionen g(Z) einer ZuZa Z verallgemeinert (hier nur diskret)

$$\text{Erw}\big(g(Z)\big) = \Sigma_{\text{alle k}}\left\{g(k) \cdot \underbrace{\text{Prob}(Z = k)}_{P(k)}\right\} \quad (1)$$

Das spezielle $g(k) = (k - \mu)^2$ führt auf die *Varianz* (⟶ 3.4)

Ein weiteres Beispiel: Ein 1-Würfelspiel

Beim Würfeln mit einem LAPLACE-Würfel muss man einen Einsatz e leisten und erhält bei einer gewürfelten Quadratzahl (1;4) den Betrag a/e ausbezahlt, aber sonst nichts. Die ZuZa Z=Augenzahl mit Z∈{1|2|3|4|5|6} hat die Wahrscheinlichkeiten (LAPLACE)

$$Prob(Z = k) \equiv P(k) \;\text{ mit }\; P(1) = P(2) = \cdots = P(6) = 1/6$$

und den

$$\mathrm{Erw(Z)} = \textstyle\sum_k[\mathrm{k} \cdot \mathrm{P(k)}] = (1/6) \cdot (1 + 2 + 3 + 4 + 5 + 6) = 3.5.$$

Die Auszahlung wird beschrieben durch eine Funktion

$$\mathrm{g(k)} = \begin{Bmatrix} \mathrm{a/e} & \text{für k} = 1; 4 \\ 0 & \text{sonst} \end{Bmatrix} \text{(a/e=Aus/Einzahlung)}$$

also wird

$$\mathrm{Erw}(\mathrm{g(Z)}) = \textstyle\sum_k[\mathrm{g(k)} \cdot \mathrm{P(k)}] = \frac{a}{e} \cdot \left(\frac{1}{6} + \frac{1}{6}\right) = \frac{1}{3} \cdot \frac{a}{e}.$$

Mit a/e<3 wird der Spielveranstalter langfristig reich.

Ein weiteres Beispiel: Ein 2-Würfelspiel

Ein Spielbetreiber bietet seinen Spielern an, einen Einsatz e zu zahlen und dann mit 2 Würfeln gleichzeitig zu würfeln. Ist die *Augensumme* eine Primzahl, dann wird das p-fache des Einsatzes und bei einer Quadratzahl das q-fache ausbezahlt. Der Spielbetreiber stellt sich die Frage, welche Werte von p und q möglichst viele Spieler anlocken, aber ihn trotzdem ökonomisch überleben lassen. Es folgt eine Tabelle mit 2 Versionen.

Tab 30: 2-Würfelspiel

2WürfelSpiel					**Version 1**		**Version 2**		
Z=AugenSumme				p=	1,5		1,2		
				q=	2		2,5		
k	«Z=k»	n	h=n/∑n		a/e	a/e*h	a/e	a/e*h	
2	|1+1|	1	0,028	p	1,5	0,042	1,2	0,033	
3	|1+2|...	2	0,056	p	1,5	0,083	1,2	0,067	
4	|1+3|...	3	0,083	q	2	0,167	2,5	0,208	
5	|1+4|...	4	0,111	p	1,5	0,167	1,2	0,133	
6	|1+5|...	5	0,139		0	0,000	0	0,000	
7	|1+6|...	6	0,167	p	1,5	0,250	1,2	0,200	
8	|2+6|...	5	0,139		0	0,000	0	0,000	
9	|3+6|...	4	0,111	q	2	0,222	2,5	0,278	
10	|4+6|...	3	0,083		0	0,000	0	0,000	
11	|5+6|...	2	0,056	p	1,5	0,083	1,2	0,067	
12	|6+6|	1	0,028		0	0,000	0	0,000	
	∑=	36	1,00			**1,014**		**0,986**	←Erw

Es gibt 11 verschiedene Ereignisse mit Augensumme Z=k=2;3;...;12. In der Spalte «Z=k» ist nur immer eines der Ergebnisse aufgelistet. Für die Augensumme k=7 seien als Bsp alle n=6 Möglichkeiten aufgelistet:

k=7: |1+6 | 2+5 | 3+4 | 4+3 | 5+2 | 6+1|

Ich habe mir (wie eingangs empfohlen) unterscheidbare Würfel vorgestellt, sodass ich |1+6| und |6+1| unterscheide. Mit der Version1 (p=1.5; q=2.0) geht der Spielbetreiber langfristig bankrott. Er muss 1.4% mehr ausbezahlen, als er einnimmt. Mit der Version2 (p=1.2; q=2.5) kann er sich mit einem langfristigen Gewinn von 1.4% über Wasser halten.

Praxis der Stochastik: Das Morra-Spiel Quelle [7]

Das *Morra*-Spiel ist eine einfachere Variante des bekannten Spiels *Papier-Schere-Stein* und in Italien weit verbreitet. Die Vereinfachung besteht darin, dass jeder der beiden Spieler A, B nur einen oder zwei Finger zeigen darf. Die Spielregel unterscheidet nun, ob die Fingerzahlen $f_{A,B}$ gleich oder verschieden sind. Je nachdem muss B an A oder A an B einen gewissen Betrag zahlen. Welcher Betrag gezahlt werden muss, richtet sich nach der Fingersumme $f=f_A+f_B$.

Tab 31: Die Morra-Spielregeln

gezeigte Finger	**Summe**	**Zahlung**
$f_A = f_B = 1\|2$	$f := f_A + f_B = 2\|4$	$A \leftarrow \langle c \cdot f \rangle \leftarrow B$
$f_A \neq f_B$	$f := f_A + f_B = 3$	$A \rightarrow \langle c \cdot f \rangle \rightarrow B$

Man beachte die Nicht-Symmetrie zwischen A und B. Der Faktor c bestimmt den Nervenkitzel des Spiels mit z.B. c=0.10, 0.50, 1.00, 5.00 € usw.

Wenn man annimmt, dass jeder Spieler *einen* Finger mit der Wahrscheinlichkeit a oder b hebt, dann sind (1−a) und (1−b) die Wahrscheinlichkeiten, dass er *zwei* Finger hebt.

Man kann den Spielgewinn von A oder B mit den ZuZa A und B (=-A) beschreiben.

Ich hoffe, dass die gleichen Bezeichnungen A, B für den Spieler und seinen Gewinn keine Verwirrung stiftet. Die Gewinnerwartungen der beiden Spieler sind demnach

$$Erw(A) = -Erw(B) = \sum_{i=1}^{3}\{A_i \cdot P(A_i)\}$$
$$= \left(\underbrace{2c}_{A_1} \cdot \underbrace{a \cdot b}_{P(A_1)}\right) + \left(\underbrace{4c}_{A_2} \cdot \underbrace{(1-a)\cdot(1-b)}_{P(A_2)}\right)$$
$$+ \left(\underbrace{-3c}_{A_3} \cdot \underbrace{(a\cdot(1-b) + (1-a)\cdot b)}_{P(A_3)}\right)$$
$$=\ldots= c \cdot \left(\underbrace{4 + 12\cdot a \cdot b - 7\cdot(a+b)}_{:=G_A}\right)$$

Nun kann jeder Spieler seine Gewinnerwartung $c \cdot G_{A;B}(a;b)$ mit der Funktion

$$G_A = -G_B = 4 + 12\cdot a\cdot b - 7\cdot(a+b)$$

durch die Wahl von a oder b selbst bestimmen.

Einige Bsp, bei denen Spieler A sein a wählt:

«A zeigt immer nur einen Finger» a=1:
$G_A(1, b) = -3 + 5b$

«A zeigt abwechselnd einen oder zwei Finger» a=1/2:
$G_A(1/2, b) = 1/2 - b$

Wenn beide a=b=1/2 wählen, dann ist $G_A=G_B=0$, und das Spiel ist ausgewogen.

Wenn man $G_A(a,b)$ als stetige Funktion auffasst, dann zeigen die Ableitungen

$$\left(\frac{\partial G_A}{\partial a}\right) = 12\cdot b - 7 \quad \text{und} \quad \left(\frac{\partial G_A}{\partial b}\right) = 12\cdot a - 7\,,$$

dass G_A bei a=b=7/12 ein absolutes Minimum hat. Damit wird

$$G_A\left(a, b = \frac{7}{12}\right) = 4 + 7\cdot a - 7\cdot a - \frac{49}{12} = -\frac{1}{12}$$

und dies gilt für ALLE (!) a. Durch die Strategie b=$^7/_{12}$ wird also die Gewinnerwartung Erw(A) = $-c/12$ negativ und minimal. Der Spieler B kann also das Morra-Spiel langfristig mit der (b=7/12)-Strategie gewinnen. Der Spieler A hat dabei keine Chance einer Gegenwehr.

(b=7/12)-Strategie heißt, Spieler B muss bei 12 Versuchen 7-mal einen und 5-mal zwei Finger heben. Erfahrene Italiener kennen die Problematik und lassen nach einigen Spielen die Rollen tauschen: A↔B.

Praxis der Stochastik: Gruppenuntersuchung Quelle [7]

Beim Eintritt der USA in den Zweiten Weltkrieg mussten Millionen von Rekruten medizinisch untersucht werden. Bei bestimmten Krankheiten reicht es, das Blut (oder Urin) von n Rekruten zu mischen und diese Mischung zu untersuchen. Bei einem negativen Gruppenbefund sind alle n Rekruten dieser Gruppe gesund. Bei einem positiven Gruppenbefund sind weitere n Untersuchungen jedes einzelnen Rekruten notwendig. Es stellen sich zwei Fragen:

- Kann man durch Gruppenbildung die Zahl der Untersuchungen verringern und,
- wenn JA, was ist die ideale Gruppengröße n?

Bei einer gewählten Gruppengröße n ist die Zahl Z der notwendigen Untersuchungen einer Gruppe eine klassische, diskrete ZuZa mit nur zwei Werten.

$$Z = \begin{Bmatrix} 1 \\ 1+n \end{Bmatrix} \text{ bei } \begin{Bmatrix} \text{negativem} \\ \text{positivem} \end{Bmatrix} \text{ GruppenBefund}$$

Es sei p die Wahrscheinlichkeit für die Erkrankung eines einzelnen Rekruten. Dann ist q=1−p die Wahrscheinlichkeit für eine Nicht-Erkrankung und $\text{Prob}(Z = 1) = q^n$ sowie $\text{Prob}(Z = 1 + n) = 1 - q^n$

Für den Erwartungswert von Z folgt dann:

$$\begin{aligned} \text{Erw}(Z) &= \sum\nolimits_{\text{alle } k} \{k \cdot \text{Prob}(Z = k)\} = (1 \cdot q^n) + \big((1 + n) \cdot (1 - q^n)\big) \\ &= 1 + n - n \cdot q^n \end{aligned}$$

Man erwartet, dass weniger als n Untersuchungen der Gruppe notwendig sind, also dass

$$\mathrm{Erw}(Z) \underset{!}{\leq} n \quad \Rightarrow \quad q > n^{-1/n} =: g(n) \qquad (2)$$

Um das Minimum von g(n) mit Hilfe von Ableitungen zu finden, wird n vorübergehend als stetig angesehen:

$$g(n) = n^{-1/n} = \exp\left(-\frac{\ln n}{n}\right)$$
$$\Rightarrow \quad g'(n) = \frac{1}{n^2} \cdot (\ln n - 1) \cdot \exp\left(-\frac{\ln n}{n}\right) \triangleq 0 \;\Rightarrow\; n_0 = e \approx 2.72$$

Der Vorzeichenwechsel von g′ bei n_0=e und eine kleine Wertetabelle:

n=	1	2	**3**	4	5	6
g(n)=	1	0,707	**0,693**	0,707	0,725	0,742

bestätigen das Minimum $g(3) \leq g(n)$. Die Forderung (2) hat zur Folge, dass

$$p \leq 1 - 3^{-1/3} \approx 0.307$$

sein muss. Die Gruppenbildung lohnt sich also nur, wenn die *Wahrscheinlichkeit p* einer *Einzelerkrankung* kleiner als 30% ist. Betrachtet man die zu erwartende Anzahl an Untersuchungen pro Person

$$\frac{\mathrm{Erw}(Z)}{n} = 1 + 1/n - q^n \;=:\; h_q(n)$$

so zeigen einige einfache Graphiken ...

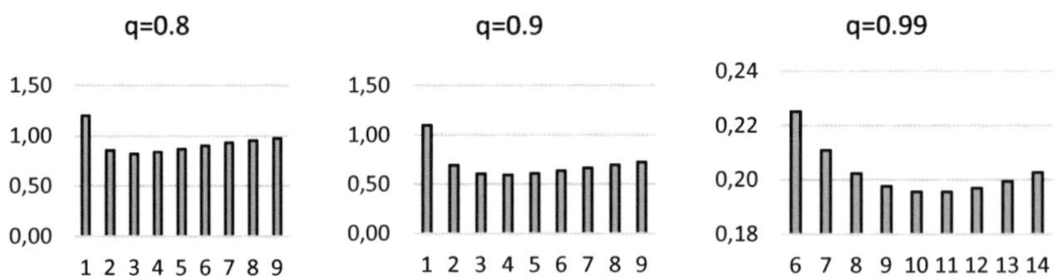

dass diese $h_q(n)$-Funktionen ein Minimum bei n_0, der optimalen Gruppengröße haben. Diese optimalen Gruppengröße n_0 kann durch einfaches Suchen in einer Wertetabelle (ohne Bild) gefunden werden.

Optimale Gruppengröße n_0 beim Gruppen-Screening

Einzel-Wahrscheinlichkeit p=1-q	20%	10%	1,0%	0,5%	0,1%	0,01%
optimale Gruppengröße no=	3	4	11	15	32	101
Anzahl Untersuchungen pro Person hq(no)=	82%	59%	20%	14%	6%	2%

Dabei ist $1 - h_q(n)$ die Ersparnis pro Person bei Gruppenbildung.

3.4 Varianz und Streuung

Ich betrachte zunächst zwei Verteilungen von diskreten ZuZa, die den gleichen Erwartungswert μ haben aber sich deutlich unterscheiden.

Als Bsp kann man an die Noten (k=1, ..., 6) zweier Klassenarbeiten einer Klasse mit n=20 Schülern denken. n_k sind die absoluten Häufigkeiten jeder Note. Beide Klassenarbeiten haben den gleichen *Durchschnitt* μ=3.2. Sie haben aber augenscheinlich einen großen Unterschied in der *Streuung* der Werte.

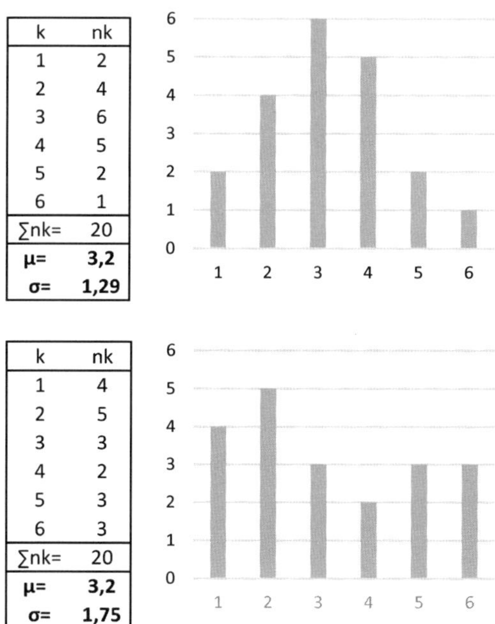

k	nk
1	2
2	4
3	6
4	5
5	2
6	1
∑nk=	20
μ=	**3,2**
σ=	**1,29**

k	nk
1	4
2	5
3	3
4	2
5	3
6	3
∑nk=	20
μ=	**3,2**
σ=	**1,75**

Abb 33: Zwei Verteilungen mit gleichem Erw, aber verschiedener Varianz

Bei der zweiten KA sind gute und schlechte Noten häufiger als Noten in der Nähe des Durchschnitts. Die Noten von KA2 streuen deutlich mehr als die Noten von KA1. Es gibt mehr „Ausreißer". Um solche Streuungen zu beschreiben, definiert man die Varianz:

Tab 32: Definition der Varianz

	diskret	stetig
$Var(Z) \equiv \sigma^2 :=$	$\sum_{alle\ k} \{(k-\mu)^2 \cdot P(k)\}$	$\int_{alle\ x} \{(x-\mu)^2 \cdot f(x)\}$

Das griechische σ (gesprochen *sigma*) entspricht dem lateinischen *s* und dieses steht für **S**treuung.

σ ist in der Stochastik als Kurzbezeichner für die **Streuung** reserviert und darf in keiner anderen Bedeutung verwendet werden. Das Quadrat bewirkt, dass große Abweichungen von μ hohes Gewicht haben, egal ob sie weit unterhalb oder weit oberhalb liegen. Ohne das Quadrat wäre (hier nur diskret)

$$\sum\{(\mathrm{k}-\mu)^1 \cdot \mathrm{P(k)}\} = \underbrace{\sum\{k \cdot P(k)\}}_{\mu} - \mu \cdot \underbrace{\sum\{\mathrm{P(k)}\}}_{1} = 0$$

Verschiebungssatz oder STEINER-Vereinfachung

Wenn man die Var als Erw ausgedrückt $\mathrm{Var(Z)} \equiv \mathrm{Erw}((\mathrm{Z}-\mu)^2)$, dann gilt der bemerkenswerte **Verschiebungssatz** oder die **STEINER-Vereinfachung** (⟶ Herleitungen)

$$\mathrm{Erw}\big((\mathrm{Z}-\mu)^2\big) = \mathrm{Erw}(\mathrm{Z}^2) - \Bigg(\underbrace{\mathrm{Erw(Z)}}_{\mu}\Bigg)^2 = \sigma^2$$

$$\Rightarrow \mathrm{Erw}(\mathrm{Z}^2) = \mu^2 + \sigma^2 \qquad (1)$$

Die STEINER-Vereinfachung wurde ursprünglich für Mittelwerte formuliert $\overline{(\mathrm{z}-\overline{\mathrm{z}})^2} = \overline{\mathrm{z}^2} - \overline{\mathrm{z}}^2$.

Man kann ihre Gültigkeit an einigen selbstgewählten Zahlenbeispielen leicht überprüfen. Bei vielen konkreten Werten von Z ist $\text{Erw}(Z^2) - \mu^2$ mit dem TR deutlich einfacher als $\text{Erw}\big((Z-\mu)^2\big)$ zu berechnen. Bei EXCEL macht es allerdings kaum einen Unterschied.

Erw und Var der Bin-Verteilung (⟶ Herleitungen)

$$\text{Erw}_{\text{Bin}} \equiv \mu_{\text{Bin}} = n \cdot p \quad \text{und} \quad \text{Var}_{\text{Bin}} \equiv \sigma^2_{\text{Bin}} = n \cdot p \cdot (1-p) \qquad (2)$$

Ein häufiger Fehler ist es, diese beiden sehr populären Formeln auf andere Verteilungen anzuwenden. Zum Vergleich seien die Werte der *Hyp-Verteilung* (ohne Herleitung) angegeben mit p=K/N:

$$\text{Erw}_{\text{Hyp}} \equiv \mu_{\text{Hyp}} = n \cdot p \ \text{ und } \ \text{Var}_{\text{Hyp}} \equiv \sigma^2_{\text{Hyp}} = n \cdot p \cdot (1-p) \cdot \frac{N-n}{N-1}. \qquad (3)$$

Oft interessiert die relative Häufigkeit $h = Z/n$ eines Erfolgs bei n Wiederholungen. Für diese ZuZa h gilt dann: $\text{Erw}(h) = p$ und $\text{Var}(h) = p \cdot (1-p)/n$.

Erw und Var von Y = a · X + b

Für eine ZuZa X und zwei Konstante a und b (*keine* ZuZa) ist $Y = a \cdot X + b$ eine *Lineare Transformation* von X auf eine andere ZuZa Y. Dabei gilt (⟶ Herleitungen)

Tab 33: Erw und Var der linearen Funktion Y = a · X + b

$\text{Erw}(a \cdot X + b) = a \cdot \text{Erw}(X) + b$	$\mu_y = a \cdot \mu_x + b$
$\text{Var}(a \cdot X + b) = a^2 \cdot \text{Var}(X)$	$\sigma_y^2 = a^2 \cdot \sigma_x^2$

Bsp: Celsius und Fahrenheit

Die deutsche Wettervorhersage ist $Erw(X) = 24°C$ und $Var(X) = 4$. Für die Fahrenheitskala ist $Y = a \cdot X + b$ mit a=1.8 und b=32. Also wird $Erw(Y) = 1.8 \cdot 24 + 32 = 75.2$ und $\text{Var}(Y) = 1.8^2 \cdot 4 = 12.96$.

Bsp: Werfen zweier Würfel

Zum beliebten ZuEx »Werfen zweier Würfel« werden für zwei Varianten der Zuordnung einer ZuZa (Z = Augensumme; Z = Betrag der Augendifferenz) nochmals der Begriff Verteilung, Verteilfunktion und die Berechnung von Erw und Var mal ohne und mal mit STEINER erläutert.

Z=AugenSumme					**Erw μ**	**Var σ²**	
k	«Z=k»	**n**	**P=n/∑n**	**F=∑P**	**k·P**	**(k-μ)²·P**	**k²·P**
2	|1+1|	1	0,028	0,028	0,056	0,694	0,111
3	|1+2|...	2	0,056	0,083	0,167	0,889	0,500
4	|1+3|...	3	0,083	0,167	0,333	0,750	1,333
5	|1+4|...	4	0,111	0,278	0,556	0,444	2,778
6	|1+5|...	5	0,139	0,417	0,833	0,139	5,000
7	|1+6|...	6	0,167	0,583	1,167	0,000	8,167
8	...	5	0,139	0,722	1,111	0,139	8,889
9		4	0,111	0,833	1,000	0,444	9,000
10		3	0,083	0,917	0,833	0,750	8,333
11		2	0,056	0,972	0,611	0,889	6,722
12	|6+6|	1	0,028	1,000	0,333	0,694	4,000
	∑=	36	1		**7,000**	**5,833**	**5,833**

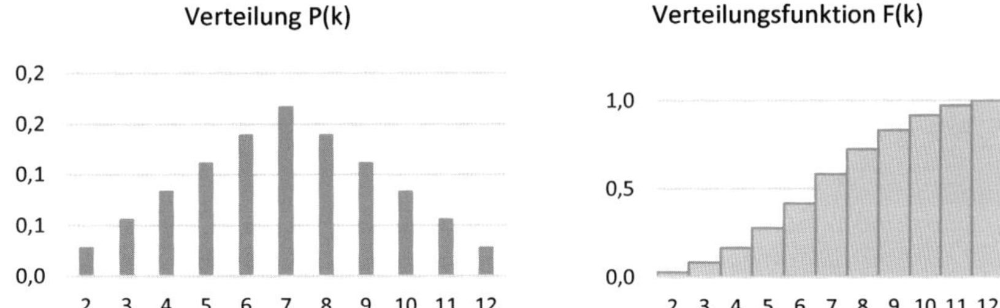

Abb 34: Das ZuEx »Werfen zweier Würfel« mit ZuZa Z=Augensumme

Z=|AugenDifferenz|					**Erw μ**	**Var σ²**	
k	**«Z=k»**	**n**	**P=n/∑n**	**F=∑P**	**k·P**	**(k-μ)²·P**	**k²·P**
0	|1-1|...	6	0,167	0,167	0,000	0,630	0,000
1	|2-1|...	10	0,278	0,444	0,278	0,248	0,278
2	|3-1|...	8	0,222	0,667	0,444	0,001	0,889
3	|4-1|...	6	0,167	0,833	0,500	0,186	1,500
4	|5-1|...	4	0,111	0,944	0,444	0,469	1,778
5	|6-1|...	2	0,056	1,000	0,278	0,519	1,389
	∑=	36	1		**1,944**	**2,052**	**2,052**

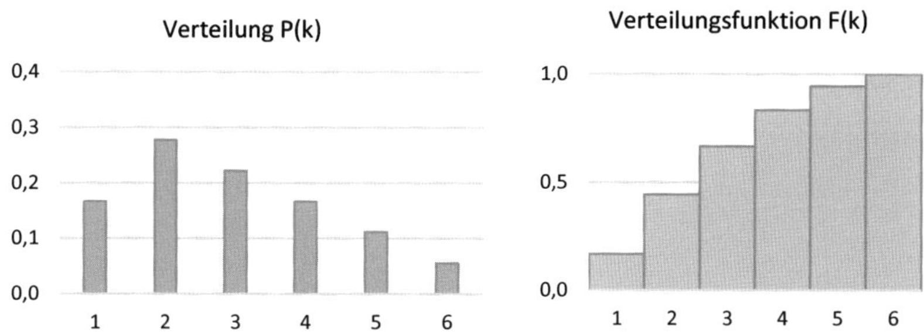

Abb 35: Das ZuEx »Werfen zweier Würfel« mit ZuZa Z=|Augendifferenz|

In den letzten beiden Spalten der EXCEL-Tabellen wurde die Varianz mal ohne und mal mit der STEINER-Vereinfachung berechnet. Bei der Berechnung der absoluten Häufigkeiten n ist es wieder nützlich, sich die beiden Würfel als unterscheidbar (etwa durch verschiedene Färbung) zu denken.

Tab 34: Eigenschaften von Verteilungen

	diskret $k \in \mathbb{Z}$	stetig $x \in \mathbb{R}$
$\text{Prob}(Z = z)$	$\text{Prob}(Z = k) =: P(k) > 0$	$\text{Prob}(Z = x) = 0$ (!!)
$\text{Prob}(Z \leq z) =: F(z)$	$F(k) = \sum_{\text{alle } i \leq k} \{P(i)\}$	$F(x) = \int_{\text{alle } t \leq x} \{f(t)\}$
$\text{Prob}(a < Z \leq b) =$	$\sum_{i=a+1}^{b} \{P(i)\} = F(b) - F(a)$	$\int_a^b \{f(x)\} = F(b) - F(a)$
Normierung	$\sum_{\text{alle } k} \{P(k)\} \triangleq 1$	$\int_{\text{alle } x} \{f(x)\} \triangleq 1$
$\text{Erw} \equiv \mu :=$	$\sum_{\text{alle } k} \{k \cdot P(k)\}$	$\int_{\text{alle } x} \{x \cdot f(x)\}$
$\text{Var} \equiv \sigma^2 :=$	$\sum_{\text{alle } k} \{(k - \mu)^2 \cdot P(k)\}$	$\int_{\text{alle } x} \{(x - \mu)^2 \cdot f(x)\}$
$\text{Erw}(Z^2) :=$	$\sum_{\text{alle } k} \{k^2 \cdot P(k)\}$	$\int_{\text{alle } x} \{x^2 \cdot f(x)\}$

Die Werte der letzten Zeile werden gern in der *STEINER-Vereinfachung* $\mu^2 + \sigma^2 = \text{Erw}(Z^2)$ benützt.

3.5 Die Exponentialverteilung

Die Exponentialverteilung ist eine der einfachsten, praxisrelevanten **stetigen** Verteilungen. Ich wage eine philosophische Bemerkung: „Alles im Leben ist endlich". Dies gilt für Lebewesen und auch für Industrieprodukte. Die „Lebenserwartung" wird durch eine **Exponentialverteilung** gut beschrieben. Ich bezeichne bei diesem Bsp die „ZuZa-an-sich" nicht mit Z, sondern mit T, und einen konkreten Wert nicht mit x, sondern mit t; beides angelehnt an das engl. **t**ime.

die Wahrscheinlichkeitsdichte f = Exp

$$f(t) = a \cdot exp(-a \cdot t)$$

$$a > 0 \quad t \in [0 \ldots \infty]$$

im Prinzip

die Verteilungsfunktion F=ExpSum

$$F(t) = \int_0^t f(\tau) \cdot d\tau$$
$$= 1 - exp(-a \cdot t)$$

die Integrationsvariable ist das griechische τ „tau"

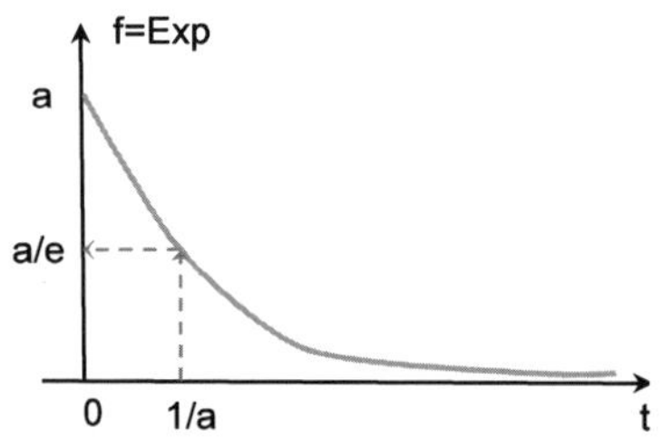

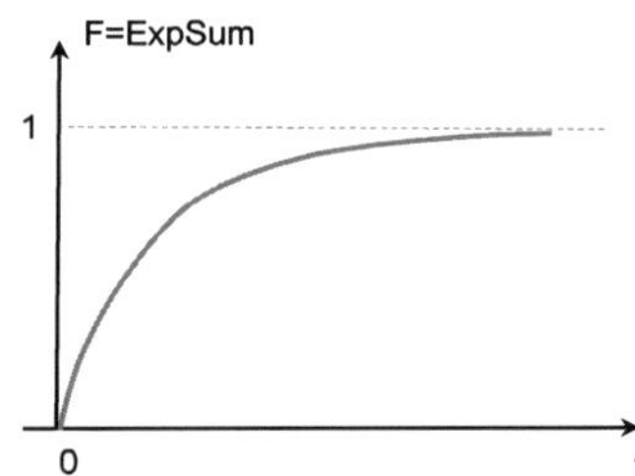

Abb 36: Die Exponentialverteilung und ihre Verteilungsfunktion

Die **stetige Wahrscheinlichkeitsdichte** f ist gegenüber der *Lebenszeit* t aufgetragen. Sie gibt an, welcher Anteil an dem Anfangswert a nach einer gewissen Zeit t noch „lebt".

Der *Erw* wird in diesem Zusammenhang gern „*Lebenserwartung*" genannt.

$$\mathrm{Erw_{Exp}} \equiv \mu_{\mathrm{Exp}} = \mathrm{a} \cdot \int_0^\infty \mathrm{t} \cdot \exp(-\mathrm{a} \cdot \mathrm{t}) \cdot \mathrm{dt} = \frac{1}{\mathrm{a}}$$

Wahrscheinlichkeitsdichte und Verteilungsfunktion hängen nur von einem Parameter μ ab.

$$f_{Exp}(t) = Exp_\mu(t) = \frac{1}{\mu} \cdot exp\left(-\frac{t}{\mu}\right)$$

$$F_{Exp}(t) \equiv ExpSum_\mu(t) = \int_0^t Exp_\mu(\tau) \cdot d\tau = 1 - exp\left(-\frac{t}{\mu}\right)$$

Oft interessiert die Wahrscheinlichkeit (z.B. Lebensversicherer)

$$Prob(\text{«älter als t zu werden»}) = Prob(T > t) = 1 - Prob(T \leq t)$$
$$= 1 - ExpSum_\mu(t) = exp\left(-\frac{t}{\mu}\right)$$

Die Varianz der Exp-Verteilung:

$$Var_{Exp} = \sigma_{Exp}^2 = \int_0^\infty (t-\mu)^2 \cdot Exp(t) \cdot dt \rightarrow (Steiner)$$
$$= a \cdot \int_0^\infty t^2 \cdot exp(-at) \cdot dt - \mu^2$$
$$\rightarrow (Herleitungen) = \mu^2 \quad \Rightarrow \quad \sigma_{\mathrm{Exp}} = \mu_{\mathrm{Exp}}$$

Bei der Exp-Verteilung sind Erw und Streuung gleich.

Bsp: Lebenserwartungen

Ein elektronisches Bauteil (BT) hat eine mittlere Lebensdauer $\overline{\mathrm{T}} = 1000\mathrm{h}$.

Wie groß ist die Wahrscheinlichkeit, dass ein BT ...

a) in den ersten 500h ausfällt?
b) länger als 2000h lebt?
c) zwischen der 1000-ten und 2000-ten Betriebsstunde ausfällt?
d) Bis zu welchem Zeitpunkt „leben" noch mehr als 70%?

Antworten:

$\mu = 1000 \qquad ExpSum(t) = 1 - exp(-t/\mu)$

a) $Prob(T \leq 500) = ExpSum(500) = 39.3\%$

b) $Prob(T > 2000) = 1 - ExpSum(2000) = 13.5\%$

c) $Prob(1000 < T < 2000) = ExpSum(2000) - ExpSum(1000) = 23.3\%$

d) $Prob(T > t = ?) = 1 - ExpSum(t) = \exp(-t/\mu) = p = 0.7$
$\Rightarrow\ t = -\mu \cdot \ln(p) = 357$

Tab 35: Antworten

Lebens-Erwartungen			µ=	1000	1/µ=	0,001	
	t	P					
a)	500	39,3%	EXPON.VERT(t;1/µ;1)				
b)	2000	13,5%	1-EXPON.VERT(t;1/µ;1)				
c)	1000	23,3%	EXPON.VERT(t2;1/µ;1)-EXPON.VERT(t1;1/µ;1)				
d)	357	0,7	-µ*LN(p)				

3.6 Die Normalverteilung

Ich erläutere zuerst die Funktion mit ihren wichtigsten mathematischen Eigenschaften und dann ihre Bedeutung für die Stochastik. Diese Bedeutung wird erst in ⟶ Große Zahlen beim ⟶ Zentralen Grenzwertsatz endgültig erklärt werden.

Der überragende C. F. GAUSS konnte zeigen, dass eine *Glockenfunktion* der Art

$$g_{a;b}(x) = a \cdot \exp(-bx^2) \quad \text{mit } a, b \in \mathbb{R}^+ \text{ und } x \in \mathbb{R}$$

normiert ist; wenn

$$a = \sqrt{b/\pi} \qquad \text{(Beweis} \longrightarrow \text{[5])}$$

Normiert heißt

$$\int_{-\infty}^{\infty} \{g_{a;b}(x) \cdot dx\} = 1.$$

In der Stochastik spielt die normierte Glockenfunktion mit b=1/2 eine besondere Rolle. Für sie wurde in der Stochastik das griechische φ (phi) reserviert. Ihre ‚*Aufleitung*' (ein „Mathelehrersprech") wird mit Φ (großem Phi) bezeichnet.

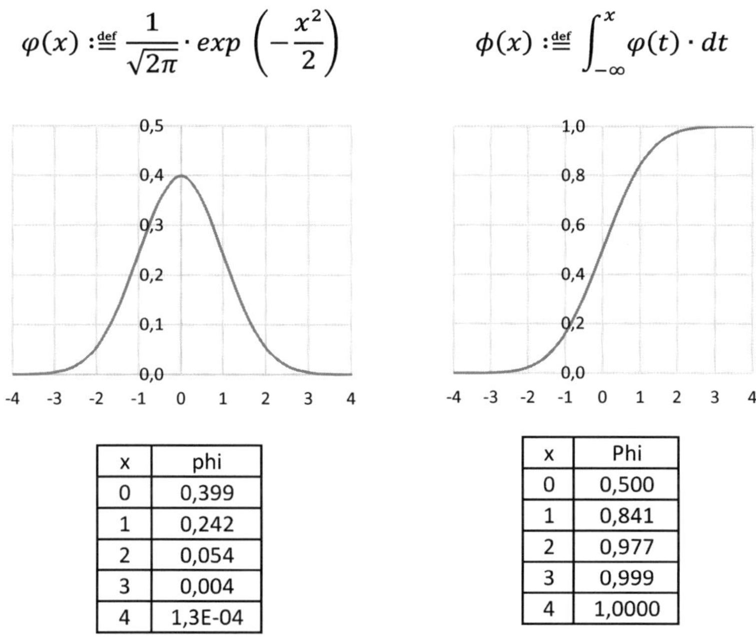

x	phi
0	0,399
1	0,242
2	0,054
3	0,004
4	1,3E-04

x	Phi
0	0,500
1	0,841
2	0,977
3	0,999
4	1,0000

Abb 37: Die normierte Gauss-Glockenfunktion der Stochastik

Die Wertetabellen wurden sehr kurz gehalten wegen der Achsensymmetrie von phi zu x=0:

$$\varphi(-x) = \varphi(x)$$

und der Punktsymmetrie von Phi zu (0;0.5):

$$\Phi(-x) = 1 - \Phi(x)$$

Verschiebt man die φ-Funktion um μ in x-Richtung und dehnt sie gleichzeitig in x-Richtung um σ und in y-Richtung um 1/σ, so erhält man die **Normalverteilung der Stochastik**

$$\mathrm{Norm}_{\mu;\sigma}(x) = \frac{1}{\sigma} \cdot \varphi\left(\frac{x-\mu}{\sigma}\right)$$
$$\mathrm{NormSum}_{\mu;\sigma}(x) = \Phi\left(\frac{x-\mu}{\sigma}\right) \qquad (1)$$

Die x-Dehnung um σ und die y-Dehnung um 1/σ bewirken, dass die Normiertheit $\Phi(\infty) = 1$ erhalten bleibt. Eine Verschiebung in y-Richtung macht bei einer Verteilung keinen Sinn, weil sonst die Normiertheit verloren ginge.

Der Begriff „*normal*" wird in der Mathematik etwas überstrapaziert und zu oft für sehr unterschiedliche Eigenschaften verwendet.

$\mu = \mathrm{Erw}$ und $\sigma = \sqrt{\mathrm{Var}}$ sind als Parameter in die Normalsverteilung bereits eingebaut.

Wie bei stetigen ZuZa üblich, berechnet man Wahrscheinlichkeiten normalverteilter ZuZa für Intervalle

$$\mathrm{Prob}(x_1 < Z < x_2) = \mathrm{NormSum}_{\mu,\sigma}(x_1 \dots x_2)$$
$$\equiv \mathrm{NormSum}_{\mu,\sigma}(x_2) - \mathrm{NormSum}_{\mu,\sigma}(x_1) \qquad (2)$$

Ich verwende also für die *NormSum*-Funktion zwei Versionen, eine mit einem Argument und eine mit zwei. Sie hängen wie in (2) angegeben miteinander zusammen.

Die Normalverteilung hängt mit der φ|Φ-Funktion über die sog. **Standardnormalkoordinaten**

$$u = \frac{x-\mu}{\sigma} \qquad (3)$$

zusammen. Mit ihrer Hilfe kann man alle Norm- und NormSum-Werte aus je nur EINER (☺!) φ- oder Φ-Tabelle entnehmen. Wenn man bedenkt, dass wichtige andere Verteilungen wie *Bin, Hyp, ...* oft durch *Norm* angenähert werden können, dann kann man ermessen, welche Bedeutung die oben gegebenen Formeln in der Zeit des „*aus-Tabellen-Lesens*" hatten (☹ noch haben?).

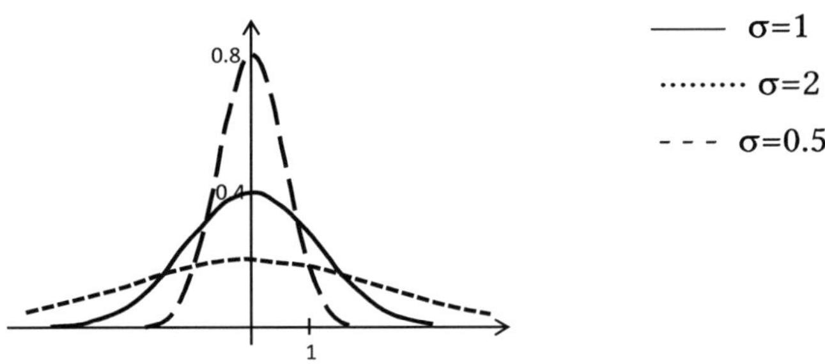

Abb 38: Drei Beispiele von Normalverteilungen mit μ =0

Die φ-Werte sind abhängig von der Streuung σ um den μ-Wert konzentriert.

$$NS(k) = NormSum_{\mu,\sigma}(\mu - k \cdot \sigma; \mu + k \cdot \sigma)$$
$$= 1 - 2 \cdot NormSum_{0,\sigma}(-k \cdot \sigma)$$

k	NS(k)
1	68,3%
2	95,4%
3	99,7%

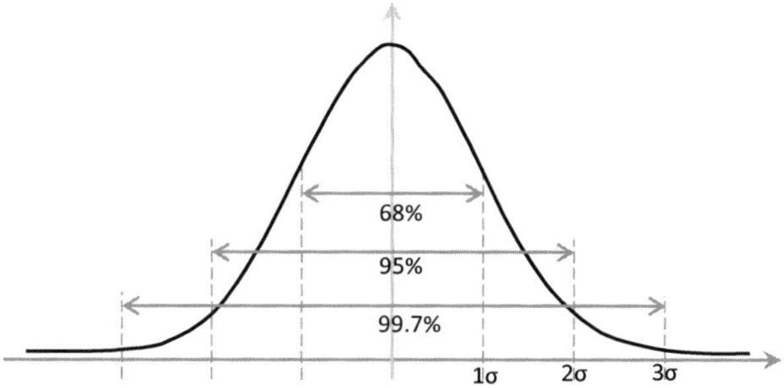

Abb 39: Sigma-Umgebungen

Praxis der Stochastik: Der Ausschuss einer Produktion (1)

Von einer Schraubenproduktion ist bekannt, dass die Längen L streuen. Tests haben gezeigt, dass die Längen *normalverteilt* sind und mit 4% um den Mittelwert 40 (alles in mm) streuen. Der Produzent möchte nur Schrauben ausliefern, die um höchstens 5% vom Sollwert 40 abweichen. Er möchte nun wissen, welchen Anteil an Ausschuss er recyceln muss.

Für die normalverteilte ZuZa L=Länge ist $\bar{L} \equiv \mu=40$, $\sigma=0.04\cdot40=1.6$ und $\Delta L=0.05\cdot40=2$.

Den Ausschuss errechnet man als $\text{Prob}(|L - \bar{L}| > \Delta L) = 2 \cdot \text{NormSum}_{0,\sigma}(-\Delta L) \approx 21\%$

μ=	40		
σ=	4%	1,6	
ΔL=	5%	2	
2*NORM.VERT(-ΔL;0;σ;1)=			21%

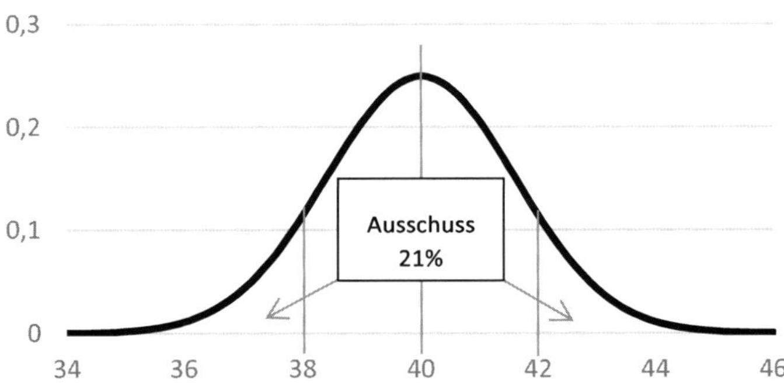

Abb 40: Ausschuss bei einer Schraubenproduktion

3.7 Testverteilungen

Ich stelle kurz zwei Testverteilungen ohne Herleitungen vor. Diese findet man etwa unter Literatur in → [5].

Die Chi-Verteilung

Es seien n stetige, stochastisch unabhängige, standardnormalverteilte ZuZa gegeben.

$X_1, X_2, \ldots, X_n$ mit der jeweiligen Wahrscheinlichkeitsdichte $f(x_i) = \mathrm{Norm}_{\mu=0;\sigma=1}(x_i)$.

Die Summe der Quadrate bezeichnet man mit

$$\sum_{i=1}^{n}\left[X_i^2\right] = X^2 \equiv \mathrm{Chi}^2$$

Das griechische X wird ‚chi' gesprochen. Beide Bezeichnungen $X^2 \equiv \mathrm{Chi}^2$ sind Tradition.

Chi-verteilte, stetige ZuZa Z haben die Wahrscheinlichkeitsdichte $f(x) = \mathrm{Chi}_n(x)$.

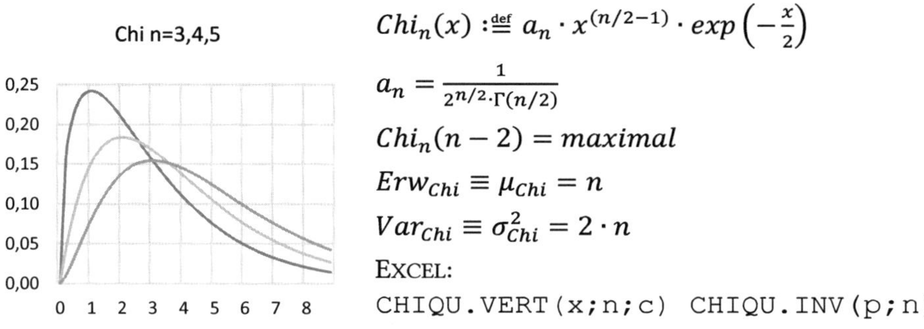

Abb 41: Die Chi-Verteilung

Chi_n-Verteilungen mit n<3 spielen in der Praxis keine Rolle.

Die Student- oder t-Verteilung

Die Student- oder t-Verteilung wurde 1908 vom Mathematiker W. S. GOSSET unter dem Pseudonym „*Student*" veröffentlicht.

Wenn X eine $Norm_{0;1}$-verteilte und Y eine Chi_n-verteilte stetige ZuZa ist, dann ist $Z = \frac{X}{\sqrt{Y/n}}$ eine $Stud_n$-verteilte stetige ZuZa.

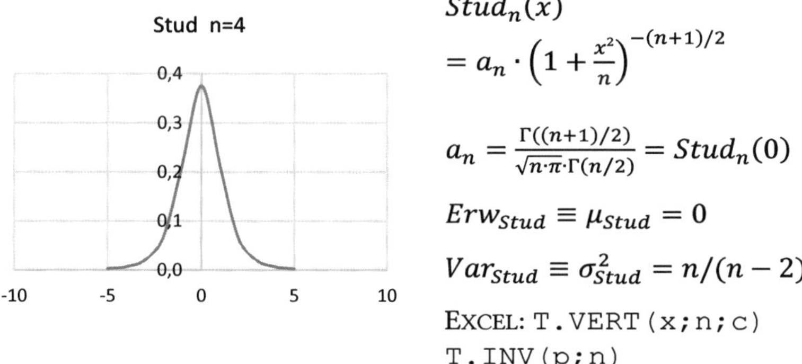

Abb 42: Eigenschaften der Student- oder t-Verteilung

Für n>30 ist Norm eine gute Näherung für Stud. Dann ist für alle x $|Stud_n(x) - Norm_{0;\sigma}(x)| < 0.01$.

3.8 Mehrere Zufallszahlen

Zur Einführung ein einfaches ZuEx mit einem *Hexa-* und einem *Oktaeder* in einem Würfelbecher.

Hexaeder: 6 Quadrate Oktaeder: 8 gleichseitige Dreiecke

In diesem Zusammenhang nenne ich beide *Spielwürfel*. Hexaeder werden auch nur *Würfel* genannt. Beide *Spielwürfel* seien mit Zahlen beschriftet. Jeder Spielwürfel zeigt die ZuZa

$X \in \{1,2,\ldots,6\}$ $Y \in \{1,2,\ldots,8\}$

an. Die Ergebnismenge des 2-Würfelspiels ist dann

$\Omega = \{(1,1); (1,2); \ldots; (6,8)\}$ mit $|\Omega| = 48$

wobei ich bei einem Ergebnis (x,y) immer die Augenzahl x̲ des He-x̲aeders zuerst angebe.

Beide Spielwürfel seien ideal (LAPLACE). Dann ist

$$\text{Prob}(X = x) \rightarrow (\text{kurz}) = P(x = 1,2,\ldots,6) = 1/6$$

$$\text{Prob}(Y = y) \rightarrow (\text{kurz}) = P(y = 1,2,\ldots,8) = 1/8$$

$$\text{Prob}(«X = x» \cap «Y = y») \rightarrow (\text{kurz}) = P(x,y) = 1/48.$$

Beide ZuZa X und Y können als stochastisch unabhängig angesehen werden; die beiden Spielwürfel *wissen nichts voneinander*.

Ein zweites Bsp soll die *Erfassung von Rekruten* sein.

Für jeden Rekruten werden die beiden ZuZa X=Köpergröße und Y=Körpergewicht gemessen. Wenn beide ZuZa auf ganze cm und ganze kg gerundet werden, dann sind sie diskret. Allerdings kann man KEINE Unabhängigkeit erwarten. Größere Menschen haben in der Regel auch ein größeres Gewicht!

Die Heeresleitung könnte z.B. festlegen, dass Fallschirmspringer nur werden kann, wer nicht zu groß und nicht zu klein und gleichzeitig nicht zu schwer und nicht zu leicht ist. Also für den gilt:

$$\underbrace{«170 \leq X \leq 190»}_{A} \cap \underbrace{«65 \leq Y \leq 90»}_{B}$$

Da A und B als abhängig betrachtet werden müssen, gilt für die Häufigkeiten h

$$h(A \cap B) \neq h(A) \cdot h(B)$$

Abhängige ZuZa sind ein eigenes Thema der Stochastik und werden unter den Begriffen ‚*Kovarianz*' und ‚*Korrelation*' behandelt.

Erw und Var von X+Y und X•Y

Für zwei ZuZa X und Y gilt: (⟶ Herleitungen)

Tab 36: Erw und Var von X + Y und X · Y

$Erw(X+Y) = Erw(X) + Erw(Y)$	$\mu_{x+y} = \mu_x + \mu_y$
$Var(X+Y) = Var(X) + Var(Y) + 2 \cdot \underbrace{Kov(X,Y)}_{s.u.}$	$\sigma_{x+y}^2 = \sigma_x^2 + \sigma_y^2 + 2 \cdot \sigma_{x \cdot y}$

Man definiert

Definition: Die Kovarianz zweier ZuZa	
$Kov(X,Y) := Erw(X \cdot Y) - Erw(X) \cdot Erw(Y)$	$\sigma_{xy} := \mu_{x \cdot y} - \mu_x \cdot \mu_y$

Man nennt $\text{Korr}(X,Y) \stackrel{\text{def}}{=} \frac{\text{Kov}(X,Y)}{\sqrt{\text{Var}(X) \cdot \text{Var}(Y)}}$ den **Korrelationskoeffizienten**.

Tab 37: Eigenschaften der Kovarianz (z.T. ohne Herleitung)

$\text{Kov}(X,Y) = \text{Kov}(Y,X)$	Symmetrie
$\text{Kov}(X,X) = \text{Var}(X)$	
$\text{Kov}(a \cdot X + b, c \cdot Y + d) = a \cdot c \cdot \text{Kov}(X,Y)$	a,b,c,d sind keine ZuZa

Wenn $Kov(X, Y) = 0$ ist, dann sagt man, X und Y seien unkorreliert. Wichtig dabei ist

unabhängig $\Rightarrow$ unkorreliert aber
unkorreliert $\not\Rightarrow$ unabhängig

Für beliebige ZuZa gilt also immer

$$\mathrm{Erw}(X+Y) = \mathrm{Erw}(X) + \mathrm{Erw}(Y) \qquad (1)$$

und für unkorrelierte ZuZa gilt

$$\mathrm{Var}(X+Y) = \mathrm{Var}(X) + \mathrm{Var}(Y) \quad \text{und}$$
$$\mathrm{Erw}(X \cdot Y) = \mathrm{Erw}(X) \cdot \mathrm{Erw}(Y) \qquad (2)$$

$\mathrm{Var}(X \cdot Y)$ spielt bei praktischen Anwendungen keine Rolle und wird daher nicht weiter betrachtet.

Wenn man bedenkt, dass bei vielen mathematischen Funktionen $fkt(x+y) \neq fkt(x) + fkt(y)$ ist,

Bsp:

$$\sqrt{x+y} \neq \sqrt{x} + \sqrt{y} \qquad \sin(x+y) \neq \sin(x) + \sin(y)$$
$$\exp(x+y) \neq \exp(x) + \exp(y) \quad \ldots$$

dann ist es „eine Gnade der Stochastik“, dass für die beiden wichtigen Funktionen Erw und Var wenigstens für unabhängige ZuZa die „Bauchgefühlformeln“ (1) und (2) gelten.

Man kann diese Formeln auf mehr als 2 ZuZa verallgemeinern. Ohne Einschränkungen gilt

$$\mathrm{Erw}(\sum Z_i) = \sum\{\mathrm{Erw}(Z_i)\} \qquad \mu_\Sigma = \sum \mu_i \qquad (3)$$

Und für mehrere unkorrelierte ZuZa gilt

$$\mathrm{Erw}(\prod Z_i) = \prod\{\mathrm{Erw}(Z_i)\} \qquad \mu_\Pi = \prod \mu_i \qquad (4)$$

und

$$\mathrm{Var}(\sum Z_i) = \sum\{\mathrm{Var}(Z_i)\} \qquad \sigma_\Sigma^2 = \sum \sigma_i^2 \qquad (5)$$

Dabei sei betont, dass die einfache „Bauchgefühlformel“ (5) für Varianzen, aber nicht für deren Wurzeln, den Streuungen $\sigma_\Sigma \neq \sum \sigma_i$ gilt.

Im Sonderfall, dass alle X_i den gleichen Mittelwert μ und die gleiche Varianz σ^2 haben, wird

$$\mu_\Sigma = n \cdot \mu \text{ und } \sigma_\Sigma^2 = n \cdot \sigma^2 \text{ also } \sigma_\Sigma = \sqrt{n} \cdot \sigma \quad (6)$$

Wobei $\sqrt{n}$ ein wenig verblüfft.

Beispiel zu Var(X + Y)

Wir betrachten den Sonderfall X=Y. Eine ZuZa X ist von sich selbst abhängig. Nach ⟶ Tab 38 ist

$$\mathrm{Var}(X + X) \equiv \mathrm{Var}(2 \cdot X) = 2^2 \cdot \mathrm{Var}(X) \neq \mathrm{Var}(X) + \mathrm{Var}(X) = 2 \cdot \mathrm{Var}(X)$$

Beispiel zu korrelierten ZuZa

Bei einem Spielwürfel (Hexaeder) sind die oben- und untenliegenden ZuZa X und Y so beschriftet, dass immer X+Y=7 = |1+6|2+5|3+4| ist. Y hängt also von X ab. Damit wird

$$\mathrm{Erw}(X + Y) = \frac{1}{6} \cdot \big((1 + 6) + (2 + 5) + \cdots\big) = \frac{42}{6} = 7 = \mathrm{Erw}(X) + \mathrm{Erw}(Y) = \frac{7}{2} + \frac{7}{2} \text{ und}$$

$$\mathrm{Erw}(X \cdot Y) = \frac{1}{6} \cdot \big((1 \cdot 6) + (2 \cdot 5) + \cdots\big) = \frac{56}{6} = 9 + \frac{1}{3} \neq \mathrm{Erw}(X) \cdot \mathrm{Erw}(Y) = \frac{7}{2} \cdot \frac{7}{2} = 12 + \frac{1}{4}$$

Dies bestätigt, dass für korrelierte ZuZa zwar (immer)

$\mathrm{Erw}(X + Y) = \mathrm{Erw}(X) + \mathrm{Erw}(Y)$ gilt, aber $\mathrm{Erw}(X \cdot Y) \neq \mathrm{Erw}(X) \cdot \mathrm{Erw}(Y)$ sein kann.

Beispiel zu abhängigen ZuZa

ZuEx: »Werfen zweier Würfel« ZuZa S=Augensumme, ZuZa D=Augendifferenz

Ereignis: (6;6) ⇒ S=12 und D=0.

$\mathrm{Prob}(S = 12) = 1/36$, $\mathrm{Prob}(D = 0) = 6/36$

$$\text{Prob}\left(«\underbrace{S=12}_{A}» \cap «\underbrace{D=0}_{B}»\right) = \text{Prob}(6;6) = 1/36\ ,$$

$$\text{aber}\ \ \text{Prob}\left(\underbrace{S=12}_{A}\right)\cdot\text{Prob}\left(\underbrace{D=0}_{B}\right) = 1/216$$

Also ist $Prob(A \cap B) \neq Prob(A) \cdot Prob(B)$ und die ZuZa-Ereignisse A und B sind abhängig.

Beispiel: Eine Schraubenproduktion (2)

Ein Fabrikant produziert zylindrische Maschinenschrauben. Dabei stellt er durch genaue Messungen fest, dass die Durchmesser X und die Längen Y **streuen**, also Zufallszahlen sind.

Da im Prinzip beliebig genau gemessen werden kann, werden X und Y als ***stetige*** ZuZa angesehen.

Hier nochmals die beiden wichtigen Eigenschaften **einer** stetigen ZuZa

$$\text{Prob}(Z = x) = 0\ \ \text{und}\ \ \text{Prob}(a < Z < b) = \int_a^b f(x)\cdot dx$$

mit der *1D-Wahrscheinlichkeitsdichte f(x)*. Bei zwei stetigen ZuZa X und Y gibt es analog die *2D-Wahrscheinlichkeitsdichte f(x,y)* mit

$$\text{Prob}(«a < X < b» \cap «c < Y < d») = \int_a^b \left(\int_c^d f(x,y)\cdot dy\right)\cdot dx$$

Wenn X und Y als *stochastisch unabhängig* angesehen werden, dann kann man **faktorisieren**; d.h.

$$f(x,y) = u(x)\cdot v(y)$$

und aus dem Doppel-Integral wird das Produkt zweier Einzel-Integrale:

$$\text{Prob}(a < X < b)\cdot\text{Prob}(\,c < Y < d) = \left(\int_a^b u(x)\cdot dx\right)\cdot\left(\int_c^d v(y)\cdot dy\right)$$

$$= \big(U(b) - U(a)\big)\cdot\big(V(d) - V(c)\big)$$

Dabei wurde unterstellt, dass für die 1D-Funktionen u und v je eine *Verteilungsfunktion* vorliegt

$$U(x) \stackrel{\text{def}}{=} \int_{-\infty}^{x} u(t) \cdot dt \equiv \text{ProbSum}(x) \text{ und analog für v}$$

In der Praxis liegt häufig Normalverteilung vor, dann ist

$$U(b) - U(a) = \text{NormSum}(a; b) \quad \text{und analog für v}$$

Der Mathematiker behauptet, die D- und L-Werte streuen unabhängig voneinander und sind normalverteilt mit 2% D-Streuung und 3% L-Streuung. Der Produzent entschließt sich, nur Schrauben mit $|\Delta D|/\overline{D} < 4\%$ und $|\Delta L|/\overline{L} < 5\%$ ausliefern zu lassen und möchte nun wissen, welchen Ausschuss in % er zu erwarten hat.

Es liegen zwei normalverteilte ZuZa D und L vor. Ausgeliefert wird nur der Anteil

$$P = \text{Prob}\left(\underbrace{«|\Delta D|/\overline{D} < 0.04»}_{D} \cap \underbrace{«|\Delta L|/\overline{L} < 0.05»}_{L}\right)$$

Bei Unabhängigkeit darf man faktorisieren:

$$P = \text{Prob}(D \cap L) = \text{Prob}(D) \cdot \text{Prob}(L) = P_D \cdot P_L$$

Normalverteilt heißt:

$$P_D = \text{NormSum}(\overline{D} - \Delta D; \overline{D} + \Delta D)$$
$$P_L = \text{NormSum}(\overline{L} - \Delta L; \overline{L} + \Delta L)$$

Numerik mit EXCEL

	μ	s	σ=μ·s	d	Δ=μ·d	P	1 - PD·PL
Dicke D	6	2%	0,12	4%	0.24	0.954	13.7%
Länge L	25	3%	0,75	5%	1.25	0.904	

Die beiden P-Werte werden errechnet nach:

```
NORM.VERT(μ+Δ;μ;σ;1)-NORM.VERT(μ-Δ;μ;σ;1)
```

Es müssen also ca 14% recycelt werden.

Erw und Var von Mittelwerten

Man bildet aus n stochastisch unabhängigen ZuZa X_i mit jeweils gleichem $\text{Erw}(X_i) = \mu$ und gleicher $\text{Var}(X_i) = \sigma^2$

die Summe $S = \sum_i X_i = n \cdot \mu$ und den Mittelwert $\overline{X} = \frac{1}{n} \cdot S = \mu$

Beides sind wieder streuende ZuZa. Man denke etwa an viele n-Stichproben, die man Lieferungen von Industrieprodukten entnimmt. Da sie der gleichen Produktion entstammen kann man gleiche μ und σ unterstellen. Die Mittelwerte verschiedener Stichproben sind aber nicht alle gleich, sondern streuen. Ihre Varianz ist dann

$$\mathrm{Var}(\overline{X}) \equiv \overline{\sigma}^2 = \mathrm{Var}\left(\frac{1}{n} \cdot S\right) \to (3.3.2) \to \left(\frac{1}{n}\right)^2 \cdot \mathrm{Var}(S)$$

$$= \left(\frac{1}{n}\right)^2 \cdot n \cdot \sigma^2 = \frac{\sigma^2}{n} \quad \Rightarrow \quad \boldsymbol{\overline{\sigma}^2 = \frac{\sigma^2}{n}} \text{ oder } \overline{\sigma} = \frac{\sigma}{\sqrt{n}} \tag{7}$$

Ein etwas verblüffendes Resultat. Die Streuung des Mittelwerts ist kleiner als die der einzelnen ZuZa. Das kann man so erklären, dass sich Abweichungen nach links oder rechts vom Mittelwert teilweise ausgleichen.

Beispiel: der Blockkondensator

In einem elektrischen Blockkondensator werden mehrere Schichten von Metall- und Papierfolien (Leiter und Isolator) über einander geschichtet. Die *Dicken* dieser Schichten streuen, sind also ZuZa.

Jede der beiden Foliendicken (Metall oder Papier) hat die Erwartungswerte μ_M und μ_P sowie die Streuungen σ_M und σ_P. Sie werden als bekannte Messgrößen vorausgesetzt.

Jedes Folienpaar (Metall+Papier) hat demnach für die ZuZa Dicke

den Erw $\mu = \mu_M + \mu_P$ und die Var $\sigma^2 = \sigma_M^2 + \sigma_P^2$

Wir nehmen an, dass es n Folienpaare gibt. Die Schichtdicke Z der gesamten Schicht mit n Folienpaaren hat daher

den Erw $\mu_\Sigma = n \cdot \mu$ und die Streuung $\sigma_\Sigma = \sqrt{n} \cdot \sigma$

Die letzte Formel verblüfft ein wenig. Mit der Zahl n der Folienpaare wächst die Gesamtstreuung σ nicht linear mit n, sondern **nur mit $\sqrt{n}$**. Dies kann man sich so erklären: Das Zusammentreffen von mal dickeren und mal dünneren Schichten reduziert die Gesamtstreuung.

3.9 Große Zahlen

Die Ungleichung von Tschebyscheff

P. L. TSCHEBYSCHEFF (1821–1894) ging aus von der Definition der Varianz einer ZuZa Z

$$\mathrm{Var}(Z) \equiv \sigma^2 = \begin{Bmatrix} \sum_{\text{alle k}}\{(k-\mu)^2 \cdot P(k)\} & \text{diskret} \\ \int_{\text{alle x}}\{(x-\mu)^2 \cdot f(x)\} & \text{stetig} \end{Bmatrix}$$

Mal wieder benütze ich die Abkürzung $P(k) := Prob(Z = k)$ und lasse beim Integral schlampig das Differential weg. Ich verfolge nur die stetige Version mit der Wahrscheinlichkeitsdichte f weiter. Bei diskreten ZuZa müssen die Integrale durch Summen ersetzt werden.

TSCHEBYSCHEFF teilte den Bereich irgendeiner Verteilung für alle x in zwei Teile:

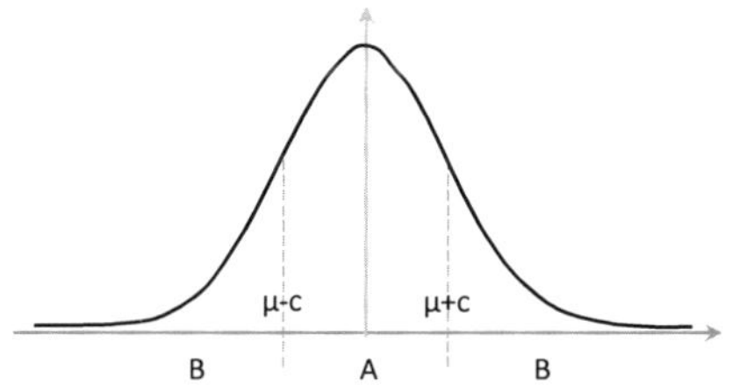

x-Werte in

einer Umgebung von μ

$A: |x - \mu| < c$

und den Rest weiter weg

von μ

$B: |x - \mu| \geq c$

Abb 43: Tschebyscheff's Bereichsaufspaltung

Aus dieser Aufteilung folgt

$$\sigma^2 = \underbrace{\int_A \{(x-\mu)^2 \cdot f(x)\}}_{\geq 0} + \int_B \left\{\underbrace{(x-\mu)^2}_{\geq c^2} \cdot f(x)\right\}$$

$$\geq c^2 \cdot \underbrace{\int_B \{f(x)\}}_{Prob(|Z-\mu|\geq c)}$$

und damit

Die Ungleichung von TSCHEBYSCHEFF
$Prob(\lvert Z-\mu\rvert \geq c) \leq \left(\frac{\sigma}{c}\right)^2$ oder $Prob(\lvert Z-Erw(Z)\rvert \geq c) \leq Var(Z)/c^2$

Bemerkenswert ist die Allgemeinheit dieser Ungleichung, Sie gilt für jede Verteilung, also nicht nur für die in → Abb 43 als Graphik benützte Normalverteilung.

Gesetz der großen Zahl

Wiederholt man ein ZuEx (z.B. Werfen eines Würfels) unter immer gleichen Bedingungen n-mal und tritt dabei ein Erfolg (z.B. eine ⚅) k-mal ein, dann ist $h = k/n$ die relative Häufigkeit für einen Erfolg. Die Stochastiklebenserfahrung 2 (→ Abschnitt 2.3) lehrt:

> Für größere Zahlen n an Versuchen weicht h *immer weniger* von einem *Trendwert* p ab.

p wird *empirische Wahrscheinlichkeit* genannt. Bei einem idealen Würfel ist p≈⅙. Dieses „*immer weniger*" kann man nun quantifizieren.

Die ZuZa Z=Zahl-der-Erfolge ist *binomialverteilt* und hat den Erw $\mu_{Bin} = n \cdot p$ und die Var $\sigma_{Bin}^2 = n \cdot p \cdot (1-p)$. Nach den Formeln von Abschnitt 3.3 folgt

$$\mathrm{Erw}(h) \equiv \mu = \mathrm{Erw}(Z)/n = p \quad \text{und}$$
$$\mathrm{Var}(h) \equiv \sigma^2 = \mathrm{Var}(Z)/n^2 = p \cdot (1-p)/n$$

Aus der TSCHEBYSCHEFF-Ungleichung folgt dann

$$\mathrm{Prob}\,(\lvert h-p\rvert \geq \varepsilon) \leq \frac{p\cdot(1-p)}{n\cdot\varepsilon^2} \leq \frac{1}{4\cdot n\cdot\varepsilon^2}$$

Bei der letzten Abschätzung wurde beachtet, dass $p \cdot (1-p)$ bei $p = 1/2$ seinen größten Wert ¼ annimmt. Dies führt auf

Das Gesetz der großen Zahl

$$Prob\,(|h-p| \geq \varepsilon) \leq \frac{1}{4 \cdot n \cdot \varepsilon^2} \xrightarrow[n \to \infty]{} 0$$

In Worten: Bei n Wiederholungen eines ZuEx ist es für größere n immer unwahrscheinlicher, dass sich Häufigkeit h und Wahrscheinlichkeit p um beliebig wenig (ε) voneinander unterscheiden. Die Rolle von n (einer großen Zahl an Wiederholungen) und ε (einer beliebig kleinen Zahl) sind in dieser Formulierung besonders wichtig.

Damit sind die in ⟶ Abschnitt 2.4 angeführte *Lebenserfahrung 2* und das sog. *Trendverhalten* **quantifiziert**.

Zentrale Grenzwertsätze (ZGWS)

Die ZGWS sind wichtige, fundamentale Erkenntnisse der Stochastik. Es gibt mehrere ZGWS. Ich versuche jeweils eine einfache, anschauliche (nicht immer ganz präzise) Formulierung.

Eine historisch frühe Version (um 1800) ist:

Der ZGWS von Moivre und Laplace

$Bin_{p;n}(k)$ und $Norm_{\mu;\sigma}(k)$ unterscheiden sich kaum für nicht zu kleine n (>9), wenn man die Parameter umrechnet nach

$$\mu = n \cdot p \qquad \sigma = \sqrt{n \cdot p \cdot (1-p)} \qquad (*)$$

Für größere n werden die Unterschiede immer geringer.

Man kann dies heutzutage mit Computergraphiken leicht ☺ bestätigen.

Tab 38: Vergleich von Bin mit Norm für p=0.4

n=10	n=50	n=100

Diskrete Bin-Werte sind wie üblich als Stäbe ($k \in \mathbb{N}$), stetige Norm-Werte ($x \in \mathbb{R}$) sind als stetiger Funktionsgraph gezeichnet.

Die Näherung

$$\mathrm{Bin}_{p;n}(k) \approx \mathrm{Norm}_{\mu;\sigma}(k) = \frac{1}{\sigma} \cdot \varphi\left(\frac{k-\mu}{\sigma}\right)$$

war im Tabellenzeitalter besonders interessant, weil man komplexe $\mathrm{Bin}_{p;n}$-Tabellen mit zwei Parametern durch eine einzige φ Tabelle ohne Parameter ersetzen konnte.

Die Erkenntnis von MOIVRE & LAPLACE (um 1733) wurde um 1900 (u.a. von A.LJAPUNOFF, G.POLYA, J.W.LINDEBERG, P.LEVY) sehr verallgemeinert. Man ließ insbesondere die Bin-Voraussetzung fallen.

Zentraler Grenzwertsatz (ZGWS)

Wenn n ZuZa X_i jeweils die Erwartungswerte μ_i und Streuungen σ_i haben, dann hat die Summe
$S_n := \sum_i\{X_i\}$ den Erw $\mu = \sum_i\{\mu_i\}$
und bei stochastisch unabhängigen X_i die Var $\sigma^2 = \sum_i\{{\sigma_i}^2\}$.

Falls von den ZuZa X_i keine dominiert, dann ist S_n für genügend große n normalverteilt

$$\mathrm{Prob}(S_n \leq x) \xrightarrow[\text{n groß}]{} \mathrm{NormSum}_{\mu;\sigma}(x) = \Phi\left(\frac{x-\mu}{\sigma}\right)$$

In der Praxis kann *n genügend groß* durch n > 30 erfüllt werden.

Sind schon die X_i normal verteilt, dann ist S_n für alle n, also auch kleine, ebenfalls normal verteilt.

Der ZGWS beeindruckt durch die *geringen Voraussetzungen*, die in der Praxis sehr oft erfüllt sind.

Bsp: Bei einer industriellen Fertigung kommt ein Maß eines Produktes durch die Summe vieler einzelner ZuZa zustande. X_1=Fehler beim Greifen, X_2=Fehler beim Einspannen, X_3=Fehler beim Drehmeißel usw.

Die beim ZGWS gemachten Voraussetzungen über die ZuZa X_i sind also im wirklichen Leben sehr oft erfüllt. Dies erklärt die enorme Bedeutung der Normalverteilung.

4 Stichproben und Tests

4.1 Stichproben

Stichproben zu erfassen ist eine grundsätzliche Methode aller Statistik.

Jeder kennt die Hochrechnungen an einem Wahlsonntag. Sie beruhen auf einer sog. repräsentativen Umfrage im Wahlvolk. Innerhalb einer Bevölkerungsgruppe (Frauen, Männer, Junioren, Senioren usw.) werden die befragten Personen statistisch ausgewählt und zu ihrem Wahlverhalten befragt. Dabei wird nur ein kleiner Teil von n Personen dieser Bevölkerungsgruppe mit N Personen befragt. Alle Mitglieder einer Bevölkerungsgruppe zu befragen ist schlicht nicht möglich. Also muss man sich auf $n \ll N$ beschränken.

Man spricht dann von einer Stichprobe vom Umfang n oder kurz von einer *n-Stichprobe*. Wenn man die Zahl N aller Objekte der Grundgesamtheit kennt, dann spricht man auch von einer *n-aus-N-Stichprobe*.

Für die Beschränkung $n \ll N$ gibt es eine Fülle von Argumenten. Z.B. kann man beim Testen der Bruchgrenzen eines Produktes nur wenige Produkte wirklich zerbrechen. Zu viele wäre ökonomischer Unsinn. Man ermittelt statistische Eigenschaften der Stichprobe wie z.B. Art der Verteilung, Mittelwert, Streuung usw. und versucht auf entsprechende Eigenschaften der Grundgesamtheit zu schließen.

Will man statistische Prognosen wagen, dann muss bei einer Stichprobe die Auswahl der Elemente aus der betreffenden Grundgesamtheit **zufällig** und **unabhängig** voneinander geschehen.

Man kann bei einer n-aus-N-Stichprobe k Gegenstände finden, die eine gewisse Eigenschaft (z.B. ‚defekt‘) haben. Man kann einen geprüften Gegenstand wieder zurücklegen oder nicht.

Tab 39: Vergleich von Bin- und Hyp-Verteilung

mit	ohne Zurücklegen
$\text{Prob}(Z = k) = \text{Bin}_{p;n}(k)$	$\text{Prob}(Z = k) = \text{Hyp}_{N;K;n}(k)$
$\text{Erw}_{\text{Bin}}(k) \equiv \mu_{\text{Bin}} = n \cdot p$	$\text{Erw}_{\text{Hyp}}(k) \equiv \mu_{\text{Hyp}} = n \cdot p \quad \text{mit } p := \frac{K}{N}$
$\text{Var}_{\text{Bin}}(k) \equiv \sigma^2_{\text{Bin}}$ $= n \cdot p \cdot (1 - p)$	$\text{Var}_{\text{Hyp}}(k) \equiv \sigma^2_{\text{Hyp}}$ $= n \cdot p \cdot (1 - p) \cdot \frac{N-n}{N-1}$
relative Häufigkeit: $h := \frac{k}{n}$	
$\text{Erw}_{\text{Bin}}(h) = p$	$\text{Erw}_{\text{Hyp}}(h) = p := \frac{K}{N}$
$\text{Var}_{\text{Bin}}(h) = \frac{p \cdot (1-p)}{n}$	$\text{Var}_{\text{Hyp}}(h) = \frac{p \cdot (1-p)}{n} \cdot \frac{N-n}{N-1} \quad \text{mit } p := \frac{K}{N}$
N=500 K=200 n=50 p=0,4 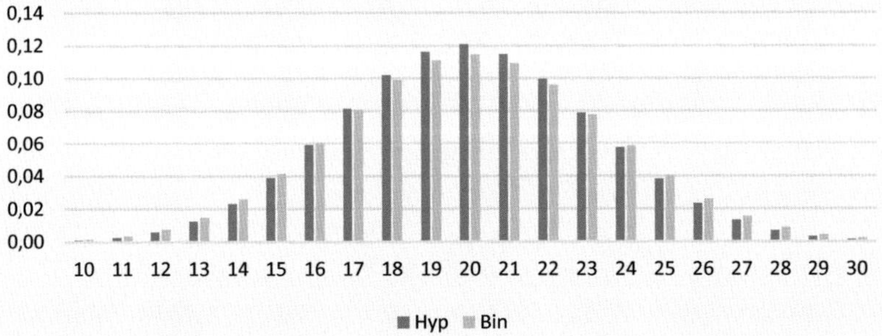	

Bei Hyp ist K die Zahl der Werte der Grundgesamtheit, die diese gewisse Eigenschaft (z.B. *defekt*) haben. Diese Zahl kennt man allerdings in den seltensten Fällen!

Wenn n≪N dann ist $\frac{N-n}{N-1} \approx 1$ und der Unterschied zwischen Hyp und Bin ist sehr gering.

Der Schluss von einer n-Stichprobe auf das p der Grundgesamtheit

Ein typisches Bsp ist die Befragung von n Wahlberechtigten, um daraus auf den Stimmenanteil p der Partei XYZ in der Gesamtbevölkerung zu schließen. Bei der Befragung haben sich k der n Befragten als Wähler der XYZ-Partei geoutet. Damit ist k/n die relative Häufigkeit von XYZ-Wählern. Es entsteht die Frage:

„Mit welcher *Sicherheit* kann man aus k/n auf das p der Grundgesamtheit schließen"?

Die Stochastik bietet dafür an, die Wahrscheinlichkeit eines *Irrtums* zu begrenzen und fasst dies in die Formel:

$$\text{Prob}\left(\left|\frac{k}{n} - p\right| \leq \varepsilon\right) \geq \gamma \qquad (1)$$

Mit zwei **vorgegebenen** (!) Werten:

- möglichst wenig Abweichung zwischen k/n und p
  ε möglichst klein 1 ... 5%
- eine möglichst große Vertrauenswahrscheinlichkeit
  γ möglichst groß 95 ... 99%

kann die Stochastik daraus *gewisse Schlussfolgerungen* ziehen. α=1−γ wird in diesem Zusammenhang auch *Irrtumswahrscheinlichkeit* genannt und manchmal statt γ möglichst klein vorgegeben.

Solche Formeln wie (1) bestimmen ganz wesentlich die angewandte Stochastik.

Man kann die Stichprobe als BeEx „mit Zurücklegen" durchführen. Das bedeutet, dass bei der Wahlbefragung ein schon einmal Befragter noch einmal befragt werden kann. Bei n≪N ist dies aber äußerst unwahrscheinlich. Aus (1) wird mit

$$p = \frac{\mu}{n}$$

$$\gamma \leq \text{Prob}\left(\left|\frac{k}{n} - \frac{\mu}{n}\right| \leq \varepsilon\right) = \text{Prob}(-\varepsilon \cdot n \leq k - \mu \leq \varepsilon \cdot n)$$

$$= \text{Prob}\left(\underbrace{-\frac{\varepsilon \cdot n}{\sigma}}_{u=-o} \leq \underbrace{\frac{k-\mu}{\sigma}}_{x} \leq \underbrace{\frac{\varepsilon \cdot n}{\sigma}}_{o}\right)$$

Achtung: Ich verwende ein o für oben, wobei o≠0 ist.

$$\gamma \le \text{Prob}(x \le o) - \text{Prob}(x < u) = \text{ProbSum}(o) - \text{ProbSum}(u)$$

Wenn der Stichprobenumfang n groß genug ist, dann kann man nach MOIVRE-LAPLACE nähern *ProbSum* ≈ Φ.

$$\gamma \le \Phi(o) - \underbrace{\Phi(u)}_{\Phi(-o)=1-\Phi(o)} = 2 \cdot \Phi(o) - 1 \;\Rightarrow\; \Phi(o) \ge \underbrace{\frac{\gamma+1}{2}}_{\beta}$$

$$\Rightarrow \quad o \ge \text{inv}\Phi(\beta)$$

$$o = \frac{\varepsilon \cdot n}{\sigma} = \frac{\varepsilon \cdot n}{\sqrt{n \cdot p \cdot (1-p)}} = \varepsilon \cdot \sqrt{\frac{n}{p \cdot (1-p)}} \ge \text{inv}\Phi(\beta)$$

$$\Rightarrow \quad n \ge \underbrace{p \cdot (1-p)}_{\le 1/4} \cdot \left(\frac{\text{inv}\Phi(\beta)}{\varepsilon}\right)^2$$

Da man p nicht kennt, muss man $p \cdot (1-p)$ wie angegeben abschätzen. Die p-Parabel hat bei p = ½ ihr Maximum ¼. Also wird (1) erfüllt, wenn

$$n \ge \left(\frac{inv\Phi(\beta)}{2\varepsilon}\right)^2 \quad \text{mit} \quad \beta = \frac{\gamma+1}{2} \tag{2}$$

Will man mit einer n-Stichprobe den Parameter p einer Bin-verteilten Grundgesamtheit schätzen, und sich dabei eine durch ε und γ begrenzte *Irrtumswahrscheinlichkeit* (α=1−γ) erlauben, dann muss man für den Stichprobenumfang n mindestens den durch (2) gegebenen Wert wählen.

Tab 40: Minimaler Stichprobenumfang bei vorgegeben ε und γ nach (1) und (2)

ε	γ	ß	invΦ	n≥
0,05	0,9	0,95	1,645	271
0,01	0,9	0,95	1,645	6764
0,01	0,95	0,975	1,960	9604

invΦ(ß)= NORM.INV(ß;0;1)

Die Aufbereitung einer Stichprobe durch *Klassenbildung*

Ein Bsp: Gegeben sei eine Stichprobe mit n Messwerten (z.B. Längen, Gewichte, Zeiten, Kapazitäten usw.). Um folgende Tabellen übersichtlich zu halten, habe ich den Stichprobenumfang n=12 recht klein gewählt. In der Praxis wird oft mit viel größerem n gearbeitet.

Tab 41: Aufbereiten einer Stichprobe durch Klassenbildung

Rohwerte											n=	12
i=	1	2	3	4	5	6	7	8	9	10	11	12
xi=	3	5	4	6	5	4	5	6	2	3	5	6
x̄=	∑{xi}/n=		4,5									

Klassen				k=	5
j	xj	nj	xj*nj	hj	xj*hj
1	2	1	2	0,083	0,167
2	3	2	6	0,167	0,500
3	4	2	8	0,167	0,667
4	5	4	20	0,333	1,667
5	6	3	18	0,250	1,500
∑=		12	54	1,000	4,500

Von den n=12 Rohwerten haben mehrere den gleichen Zahlenwert. Insgesamt gibt es nur k=5 verschiedene Zahlenwerte.

Die Stichprobe wird aufbereitet:

- man *ordnet* die n Stichprobenwerte x_i nach ihrer *Größe* (in der Regel aufsteigend)
- man faßt alle *gleichen* Stichprobenwerte zu einer *Klasse* zusammen; dabei entstehen k Klassen (k≤n)
- jede Klasse hat die *absolute* und die *relative Häufigkeit* n_j und $h_j = n_j / \sum_j \{n_j\}$.

Häufigkeiten haben die leicht einsehbare Eigenschaft der Normiertheit

$$\sum_{j=1}^{k}\{n_j\} = n \quad \text{und} \quad \sum_{j=1}^{k}\{h_j\} = 1 \tag{3}$$

Den Stichprobenmittelwert $\bar{x}$ kann man auf dreierlei Weise berechnen

$$\bar{x} := \frac{1}{n} \cdot \sum_{i=1}^{n}\{x_i\} \quad = \frac{1}{n} \cdot \sum_{j=1}^{k}\{x_j \cdot n_j\} \quad = \sum_{j=1}^{k}\{x_j \cdot h_j\}$$
$$= 54/12 = 4.5 \tag{4}$$

Die vielen, verwirrend ähnliche Summen Σ_i über Rohwerte und Σ_j über Klassen sollte man gut auseinanderhalten.

Analog zum Stichprobenmittelwert $\bar{x}$ gibt es die **Stichprobenvarianz**

$$s^2 := \underbrace{\frac{1}{n-1}}_{!!!} \cdot \sum_{i=1}^{n} \{(x_i - \bar{x})^2\}$$

Wir halten die *kleine Überraschung* (!) in Worten fest: Bei der Definition der *Stichprobenvarianz* wird die Summe nicht durch n, sondern durch (n-1) dividiert.

Der Grund ist, dass s^2 *erwartungstreu* ist (→ Herleitungen).

Aber $\frac{1}{n} \cdot \sum_{i=1}^{n} (x_i - \bar{x})^2 = \frac{n-1}{n} \cdot s^2$ ist NICHT *erwartungstreu.*

Erwartungstreu heißt $Erw(s^2) = \sigma^2$.

Dabei sollte man auseinanderhalten

- Erwartungswert und Streuung der **Grundgesamtheit** μ und σ
- Mittelwertwert und Streuung der **Stichprobe** $\bar{x}$ und s

Mit den Ergebnissen des → Abschnitts 3.8 seien hier noch einmal Eigenschaften wesentlicher Größen einer Stichprobe zusammengestellt:

Satz: Eigenschaften von Mittelwert und Varianz einer Stichprobe

Sind n ZuZa X1, X2, ..., Xn paarweise stochastisch unabhängig und haben je den gleichen Erw μ und die gleiche Var σ^2, dann ist der Stichprobenmittelwert $\bar{x}$ normal verteilt und es gilt

$$Erw(\bar{x}) = \mu \quad Var(\bar{x}) \equiv \bar{\sigma}^2 = \frac{\sigma^2}{n} \quad Erw(s^2) = \sigma^2$$

Die Streuung des Stichprobenmittelwertes

$$\bar{\sigma} = \sigma/\sqrt{n}$$

wird also mit wachsendem Stichprobenumfang mit dem Faktor $1/\sqrt{n}$ kleiner.

Mit absoluten und relativen Häufigkeiten gibt es wieder mehrere (z.T. verwirrend viele) Möglichkeiten, die Stichprobenvarianz zu berechnen

$$s^2 = \frac{1}{n-1} \cdot \sum_{i=1}^{n} (x_i - \overline{x})^2 = \frac{1}{n-1} \cdot \sum_{j=1}^{k} \left\{ (x_j - \overline{x})^2 \cdot n_j \right\}$$
$$= \frac{n}{n-1} \cdot \sum_{j=1}^{k} \left\{ (x_j - \overline{x})^2 \cdot h_j \right\}$$

$$s^2 = \frac{n}{n-1} \cdot \left(\overline{x^2} - \overline{x}^2 \right)$$

Bei der letzten Formel wurde der *Mittelwert der Quadrate* definiert:

$$\overline{x^2} \stackrel{\text{def}}{=} \frac{1}{n} \cdot \sum_{i=1}^{n} \{x_i^2\} = \frac{1}{n} \cdot \sum_{j=1}^{k} \{x_j^2 \cdot n_j\} = \sum_{j=1}^{k} \{x_j^2 \cdot h_j\}$$

und die STEINER-Vereinfachung angewendet:

$$\sum (x_i - \overline{x})^2 = \sum \left(x_i^2 - 2 \cdot x_i \cdot \overline{x} + \overline{x}^2 \right)$$
$$= \underbrace{\sum x_i^2}_{n \cdot \overline{x^2}} - 2 \cdot \overline{x} \cdot \underbrace{\sum x_i}_{n \cdot \overline{x}} + \overline{x}^2 \cdot \underbrace{\sum 1}_{n} = n \cdot \left(\overline{x^2} - \overline{x}^2 \right)$$

Dies sind wieder viele verblüffend ähnliche Formeln, bei denen man genau auf die Indizes und die Obergrenzen achten muss.

Eine Stichprobenauswertung

Einer Produktion von Schrauben wurden n=100 entnommen und ihre Durchmesser (ZuZa Z) auf 0.01 mm genau gemessen. Die Messwerte liegen im Bereich $x_j \in [3{,}46 \ldots 3{,}54]$ (alles in mm). Aus der Messgenauigkeit ergeben sich k=8 verschiedene Klassen. Ich unterschlage die Urliste wegen ihres Umfangs n=100. Die bereits aufbereitete Stichprobe wurde mit einer EXCEL-Tabelle ausgewertet. Da die Messwerte bereits in Klassen eingeteilt wurden, kann es nur Formeln mit Häufigkeiten n_j oder h_j geben!

Tab 42: Auswertung einer n=100-Stichprobe

s

j	xj	nj	hj	xj*nj	xj*hj	(xj-x̄)²*nj	xj²*hj
1	3,46	3	0,03	10,380	0,104	0,0031	0,359
2	3,47	8	0,08	27,760	0,278	0,0040	0,963
3	3,48	22	0,22	76,560	0,766	0,0034	2,664
4	3,49	30	0,30	104,700	1,047	0,0002	3,654

5	3,50	18	0,18	63,000	0,630	0,0010	2,205
6	3,51	10	0,10	35,100	0,351	0,0031	1,232
7	3,52	6	0,06	21,120	0,211	0,0046	0,743
8	3,54	3	0,03	10,620	0,106	0,0068	0,376
∑=		**100**	1	**349,24**	**3,492**	**0,0262**	**12,197**
					s=	**0,0163**	**0,0163**

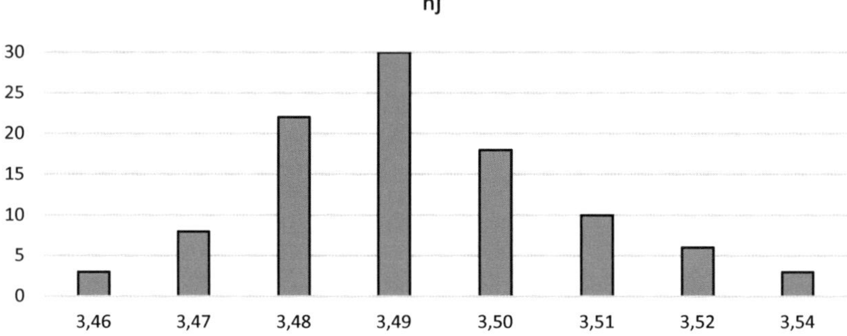

Abb 44: Auswertung einer n=100-Stichprobe

Die x_j und n_j sind gemessene Werte, der Rest ist Auswertung. Der Mittelwert wurde berechnet nach

$$\bar{x} = \frac{1}{n} \cdot \sum_j \{x_j \cdot n_j\} = \sum_j \{x_j \cdot h_j\} = 3.492$$

Die Stichprobenvarianz s^2 mal ohne und mal mit STEINER berechnet.

$$s^2 = \frac{1}{n-1} \cdot \sum_j \left\{ \left(x_j - \bar{x}\right)^2 \cdot n_j \right\} = \frac{n}{n-1} \cdot \left(\underbrace{\sum_j \{x_j^2 \cdot h_j\}}_{\overline{x^2}} - \bar{x}^2 \right)$$

$$\approx (0.0163)^2$$

4.2 Signifikanz-Test

Manche sprechen auch vom **Hypothesentest**.

Die Grundgedanken des **Signifikanztests (ST)** werden an einem kommunalpolitischen Bsp erläutert. Eine Stadtverwaltung (SV) plant ein umstrittenes Bauprojekt. Eine frühere Bürgerbefragung hatte p_0=60% Befürworter ergeben. Eine Bürgerinitiative (BI) behauptet, dass es inzwischen **weniger** Befürworter gibt. Die SV beharrt auf der **Null-Hypothese**:

H_0: »es gibt nach wie vor mindestens p_0 Befürworter«

Die BI behauptet die Gegen-Hypothese:

H1: »es gibt inzwischen weniger als p_0 Befürworter«

SV: $H_0\colon\ p \geq p_0$ kontra BI: $H_1\ :\ p < p_0$

Die BI strebt einen sog. **linksseitigen Signifikanztest (ST)** an, bei dem $p < p_0$ vermutet wird.

Eine erneute Befragung aller Bürger halten beide Parteien für zu aufwändig und zu teuer. Sie einigen sich darauf, die Weiterführung des Projekts vom Ergebnis einer *repräsentativen Umfrage* abhängig zu machen. Bei einer solchen *repräsentativen Umfrage* werden von allen N Bürgern n zufällig ausgewählte Bürger befragt und die Zahl k der Befürworter registriert. Statistiker nennen so etwas eine *n-aus-N-Stichprobe*. Um Kosten zu sparen wird meist $n \ll N$ gewählt.

Es entsteht die Frage:

»Wie beurteilt man ein Ergebnis mit k Befürwortern bei einer n-aus-N-Stichprobe«.

Anders gefragt:

»Bei welchem Ergebnis k wird man H_0 ablehnen ($H_0\downarrow$) oder akzeptieren ($H_0\uparrow$)«

Einer schlägt vor, dass man wie folgt entscheide:

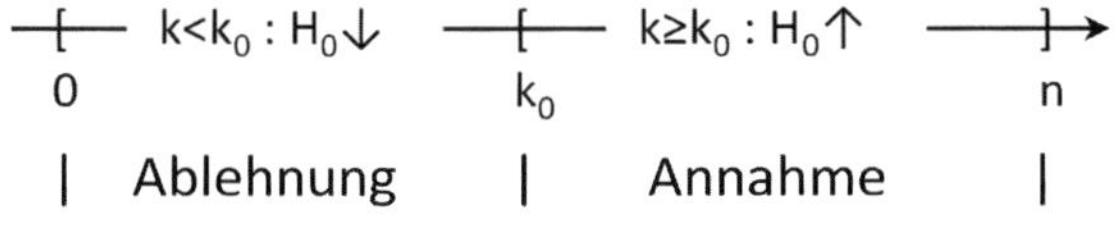

$k<k_0 : H_0\downarrow$ $k\geq k_0 : H_0\uparrow$

0 k_0 n

| Ablehnung | Annahme |

Ein Mathematiker wendet ein: Die n-Stichprobe ist ein ZuEx und kann prinzipiell jeden Wert k=0, 1, 2, ..., n haben.

Falls es keinen Meinungswechsel in der Bevölkerung gegeben haben sollte, dann hat $k_0 = n \cdot p_0$ die höchste Wahrscheinlichkeit.

Aber k-Werte **in der Umgebung** von k_0 sind auch noch recht wahrscheinlich. Dies zeigen z.B. die Bin-Grafiken in 2.5.

Die Befragung der n Bürger ist ein ZuEx mit entweder einer *Hyp-* oder einer *Bin-Verteilung.*

Die Problematik Hyp oder Bin wurde im Abschnitt 2.6 ausführlich diskutiert. Da man meist die Zahl K der Befürworter in der Gesamtbevölkerung (N) nicht kennt, wählt man Bin mit p_0=K/N.

$$\text{Prob}(Z = k) = \text{Bin}_{p_0;n}(k) \qquad (1)$$

Die Parteien sehen ein, dass eine Entscheidung der simplen Art nicht sinnvoll ist und beschließen:

Nur wenn die Zahl k der Befürworter **deutlich unter k_0** liegt. verwerfen wir die Null-Hypothese.

Dieses *deutlich unter k_0* verlangt die Angabe einer *Untergrenze* $u<k_0$.

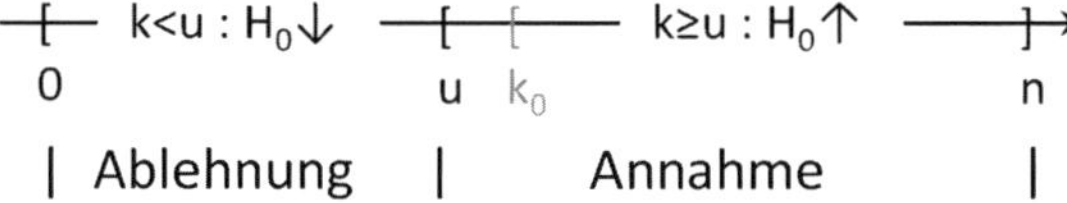

Der Mathematiker warnt: Wie auch immer Ihr Euch entscheidet, Ihr könnt Euch irren. Irren heißt

- die Null-Hypothese zu verwerfen, obwohl sie richtig ist (Fehler 1. Art), oder
- die Null-Hypothese beizubehalten, obwohl sie falsch ist (Fehler 2. Art).

Diese Fehler werden am Ende dieses Abschnitts detaillierter besprochen.

Welches u man auch immer wählt, ein solcher Irrtum hat eine **Irrtumswahrscheinlichkeit**

$$\text{IW}(u) = \text{Prob}(Z < u) \;\; \text{links} \qquad (2)$$

Wenn man ein u wählt, dann kann man mit (2a) die IW(u) berechnen. Falls einem diese IW nicht passt, könnte man ein anderes u wählen und eine neue IW berechnen. Der Mathematiker schlägt vor, »*den-Spieß-umzudrehen*«. Er meint:

Die »Spieß-Umkehr« des linksseitigen Signifikanztests $H_1: p < p_0$
Eine maximal tolerierte Irrtumswahrscheinlichkeit α wird vorgegeben $\mathrm{Prob}(Z \leq u) \equiv \mathrm{ProbSum}(u) < \alpha$ und damit eine Untergrenze u ermittelt $u = \mathrm{invProbSum}(\alpha)$

Mit der Entscheidung (1) ist *Prob=Bin* und u ein *Quantil von BinSum*. Ich nenne es *invBinSum*.

Es sei in diesem Zusammenhang an die in Abschnitt 3.2 ausführlich diskutierte Problematik des Quantils *invProbSum* einer diskreten ZuZa erinnert. Man sollte in diesem Zusammenhang nie vergessen, dass *ProbSum* immer wächst.

Dieses Quantil u ist die gesuchte Entscheidungsgrenze des linksseitigen ST:

$$u = \mathrm{invBinSum}_{p_0;n}(\alpha) \quad (3)$$

In der Praxis wird das vorgegebene α klein gewählt (=1 ... 5%) und dann nach (3) die Untergrenze u bestimmt. Mit diesem u kann man nach (2) wiederum die wirkliche IW(u) berechnen. Man sollte das vorgegebene α und diese IW(u) unterscheiden.

Tab 43: Bürgerbefragung, Signifikanttest links

ST links		p<p0	
n=	100	p0=	0,6
α	u	IW(u)	
1%	48	0,58%	
3%	51	2,71%	
5%	52	4,23%	
u=BINOM.INV(n;p0;α)			
IW=BINOM.VERT(u-1;n;p0;1)			

BinSum durchsuchen						
α=	1,0%	α=	3,0%	α=	5,0%	
k	BinSum	k	BinSum	k	BinSum	
47	0,58%	50	2,71%	51	4,23%	<α
48	**1,001%**	**51**	**4,23%**	**52**	**6,38%**	**>α**
49	1,68%	52	6,38%	53	9,30%	>α

Wer nicht über die *invBinSum*-Funktion verfügt, muss die *BinSum*-Tabelle wie rechts dargestellt durchsuchen, und zwar je nach gewähltem α an der richtigen Stelle.

Damit wird das BI/SV-Problem gelöst: Die Nullhypothese $p=p_0$ wird abgelehnt $H_0\downarrow$, wenn die n=100-Stichprobe bei vorgegebenem α=1% (3%; 5%) weniger als 48 (51; 52) Befürworter erbrachte.

Ein problematischer Würfel

Von einem *idealen Würfel* wird erwartet, dass er jede Augenzahl mit Prob=p_0=⅙ liefert. Man sagt dann: Er besitze die LAPLACE-Eigenschaft: *Alle Ergebnisse sind gleich wahrscheinlich*. Von einem problematischen Würfel wird behauptet, er sei *nicht-ideal*, er liefere eine ⚅ zu selten oder zu oft oder:

Tab 44: Die 3 möglichen Signifikanz-Tests

$p<p_0$	$p>p_0$	$p\neq p_0$
links	rechts	zweiseitig

Neben dem *linksseitigen* ST (der Bürgerbefragung) gibt es auch den *rechtsseitigen* und den *zweiseitigen*. Der *zweiseitige* ST besteht aus einem *links-* UND einem *rechtsseitigen*.

Beim rechtsseitigen ST wird aus (2a)

$$\mathrm{IW}(o) = \mathrm{Prob}(Z > o) \tag{2b}$$

für eine obere Grenze o. Ich hoffe, der ungewöhnliche Bezeichner o (≠0) stiftet keine Verwirrung.

Tab 45: Die beiden Signifikanz-Tests

<table>
<tr><th>links</th><th>rechts</th></tr>
<tr><td colspan="2">Null-Hypothese H_0: $p = p_0$</td></tr>
<tr><td colspan="2">Gegen-Hypothesen H_1</td></tr>
<tr><td>$p < p_0$</td><td>$p > p_0$</td></tr>
<tr><td colspan="2">die maximal tolerierte IW $\alpha = 1 \dots 5\%$ wird vorgegeben</td></tr>
</table>

<table>
<tr><td colspan="2">die Grenzen unten/oben werden bestimmt</td></tr>
<tr><td>k<u : H0↓ | k≥u : H0↑
0 u k0 n
| Ablehnung | Annahme |</td><td>k≤o : H0↑ | k>o : H0↓
0 k0 o n
| Annahme | Ablehnung |</td></tr>
<tr><td>$Prob(Z \leq u) > \alpha$</td><td>$Prob(Z \leq o) > 1 - \alpha$</td></tr>
<tr><td>$u = invBinSum(\alpha)$</td><td>$o = invBinSum(1 - \alpha)$</td></tr>
<tr><td colspan="2">H_0 wird abgelehnt ↓, wenn</td></tr>
<tr><td>$k < u$</td><td>$k > o$</td></tr>
<tr><td colspan="2">Irrtumswahrscheinlichkeit</td></tr>
<tr><td>$IW(u) = Prob(Z < u)$
$= BinSum(u - 1)$</td><td>$IW(o) = Prob(Z > o)$
$= 1 - BinSum(o)$</td></tr>
</table>

Beim fragwürdigen Würfel (s.o.) wird die Null-Hypothese $p=p_0=1/6$ mit einem linken oder/und rechten ST und n Würfen überprüft.

Tab 46: ST links ODER rechts

ST links		p<p0	
n=	300	p0=	0,167
α	u	IW(u)	
1%	36	0,99%	
3%	38	2,32%	
5%	40	4,86%	
u=BINOM.INV(n;p0;α)			
IW=BINOM.VERT(u-1;n;p0;1)			

BinSum durchsuchen						
α=	1,0%	α=	3,0%	α=	5,0%	
k	BinSum	k	BinSum	k	BinSum	
35	0,99%	37	2,32%	39	4,86%	<α
36	**1,54%**	**38**	**3,40%**	**40**	**6,75%**	**>α**
37	2,32%	39	4,86%	41	9,16%	>α

ST rechts		p>p0	
n=	300	p0=	0,167
α	o	IW(o)	
1%	65	0,99%	
3%	62	2,91%	
5%	61	4,02%	
o=BINOM.INV(n;p0;1-α)			
IW=1-BINOM.VERT(o;n;p0;1)			

BinSum durchsuchen						
α=	1,0%	α=	3,0%	α=	5,0%	
k	BinSum	k	BinSum	k	BinSum	
64	98,56%	61	95,98%	60	94,54%	<1-α
65	**99,01%**	**62**	**97,09%**	**61**	**95,98%**	**>1-α**
66	99,33%	63	97,93%	62	97,09%	>1-α

Beim zweiseitigen ST wird die vorgegeben IW=α je zur Hälfte nach links und rechts verteilt. Für den oben beschriebenen problematischen Würfel mit der Null-Hypothese p≠p0=⅙ findet man mit einem 2-seitigen ST folgendes.

Tab49: ST links UND rechts = zweiseitig

ST 2seitig		p≠p0	
n=	100	p0=	0,167
α	u	o	IW
1%	8	27	0,69%
3%	9	25	2,14%
5%	10	24	4,30%

u=BINOM.INV(n;p0;α/2)
o=1+BINOM.INV(n;p0;1-α/2)
IW= BINOM.VERT(u-1;n;p0;1)+1-BINOM.VERT(o;n;p0;1)

Eine allgemeine Beobachtung: Wenn man die vorgegebene IW α vergrößert, dann *verschlankt* sich der Akzeptanzbereich.

Die oben angesprochenen Fehler sollen nun etwas genauer besprochen werden. Ausgangspunkt ist eine Null-Hypothese H_0 die wahr oder falsch sein kann. Mit einer der oben geschilderten Tests (z.B. dem ST) wird entschieden ob H_0 akzeptiert (↑) oder abgelehnt (↓) wird.

Bei Entscheidungen über Hypothesen sind vier Fälle mit zwei Fehl-Entscheidungen ☹ möglich:

↑↑ Hypothese ist richtig und wird akzeptiert ☺

↓↓ Hypothese ist falsch und wird abgelehnt ☺

↑↓ Hypothese ist richtig, wird aber abgelehnt ☹

↓↑ Hypothese ist falsch, wird aber akzeptiert ☹

Man nennt die beiden Fehler ☹ ↑↓ und ↓↑ auch Fehler 1. und 2. Art.

Als Bsp sei ein *rechtsseitiger ST* betrachtet:

$$H_1: p > p_0; \quad c = \text{invBinSum}(1 - \alpha); \quad IW(c) = 1 - \text{BinSum}(c)$$

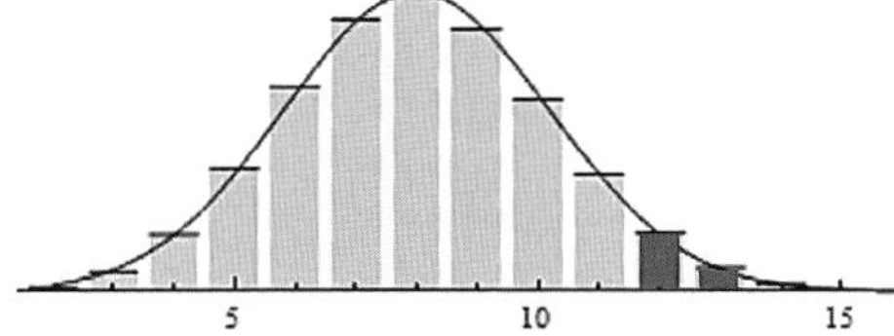

p0	n	α	c	IW
0,4	20	10%	11	5,65%

c=BINOM.INV(n;p0;1-α)
IW=1-BINOM.VERT(c;n;p0;1)

Abb 45: Fehler 1. Art bei einem ST

Die konkreten Zahlenberechnungen werden mit einem unüblichen, zu großen α=10% durchgeführt, damit die Abbildungen deutlicher werden. Der für die Entscheidung (Annahme ↑ oder Ablehnung ↓) kritische Wert wird mit c bezeichnet. Der Ablehnungsbereich ist (c ... n]=[12 ... 20]. Seine Wahrscheinlichkeit Prob(Z>c) ist gleichzeitig die Irrtumswahrscheinlichkeit IW und auch die Wahrscheinlichkeit Prob(H_0r↓) für den Fehler 1. Art. Es wurde außer der Bin- auch die dazu passende stetige Normalverteilung gezeichnet.

Die Wahrscheinlichkeit für den Fehler 2. Art Prob(H_0f↑) hängt davon ab, welches p das wahre ist.

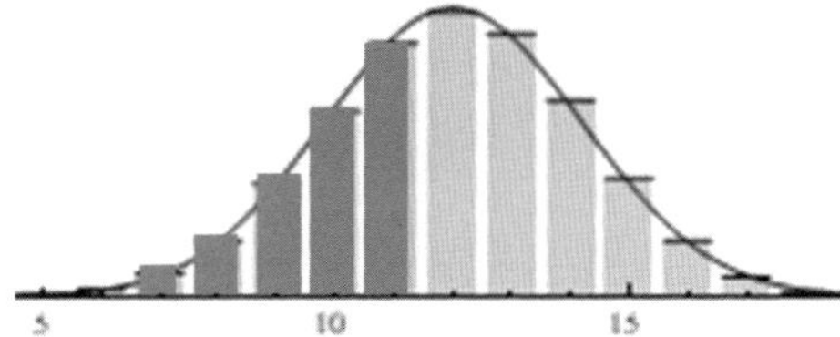

p	n	α	c	IW
0,6	20	10%	11	40,44%

IW=BINOM.VERT(c;n;p0;1)

Abb 46: Fehler 2. Art bei einem ST mit richtigem p=0.6

Man beachte, der kritische Trennwert c=11 ist unverändert. Der Fehler 2. Art ist jetzt der Bereich [0 ... c]=[0 ... 11].

Um die folgende Abbildung nicht zu überladen, wird nur noch die stetige Verteilung einmal die angenommene und die tatsächliche gezeichnet.

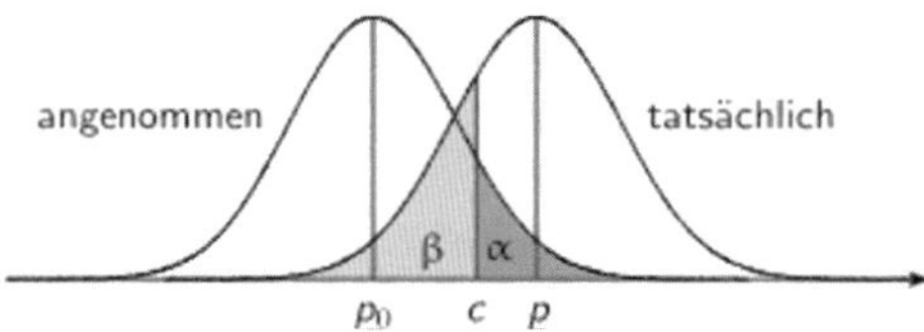

Abb 47: zu den Fehlern 1. und 2. Art

Für den Fehler 1. Art ist die angenommene auch die richtige Verteilung. Die mit α gekennzeichnete Fläche ist die Wahrscheinlichkeit Prob(H_0r↓). ß kennzeichnet Prob(H_0f↑) die IW für den Fehler 2. Art bei dem H_0 beibehalten wird, obwohl falsch. Dabei hängt ß noch vom wahren Wert p ab.

Man kann leicht einsehen, dass eine Verkleinerung von α das c nach rechts verschiebt und sich dabei ß vergrößert. Die Summe α+ß (46%) der beiden Fehler bleibt dabei unverändert. Diese kann man nur verkleinern, indem man die Stichprobenanzahl n vergrößert.

Tab 47: Fehler 1. und 2. Art bei erhöhtem Stichprobenumfang n=50

p0	n	α	c	IW
0,4	50	10%	24	9,78%

p	n	α	c	IW
0,6	50	10%	24	5,73%

4.3 Der Chi-Test

Die Bezeichnung kommt vom griechischen Buchstaben X, der ‚chi' gesprochen wird.

Das Chi-Problem

Von einer ZuZa ist die Verteilung Prob nicht bekannt. Es wird aber vermutet, dass eine bekannte Verteilung *Prob* ganz gut passen könnte.* Diese Vermutung soll mit einem Chi-Test überprüft werden.

Kandidaten für diese hypothetische *Verteilung* Prob* sind die bekannten Hyp, Bin, Norm usw.

Die *Null-Hypothese* H_0 lautet: »*die vermutete Verteilung Prob* ist die richtige*«, kurz *Prob = Prob**.

Ich schildere das Chi-Verfahren als *Kochrezept* ohne theoretische Begründungen. Eine solche findet man etwa in → [5].

Dem Chi-Test liegt eine n-Stichprobe mit k Klassen zugrunde. Einige Parameter der hypothetischen Verteilung Prob* sind nicht bekannt und müssen mit Parametern der Stichprobe geschätzt werden. Häufig geschätzte Werte sind der Erw $\mu \sim \overline{z}$ = Stichprobenmittelwert und die Streuung $\sigma \sim s$ = Stichprobenstreuung.

Tab 48: Der Chi-Test

n Messwerte eine Stichprobe liegen vor	$x_1, x_2, \dots, x_n$
die Messwerte sind in k Klassen mit absoluten Häufigkeiten nj eingeteilt	$n_1, n_2, \dots, n_k$
der Freiheitsgrad g wird ermittelt (s.u.)	$g = (k-1) - (\textit{Zahl der Schätzwerte})$
hypothetische Wahrscheinlichkeiten jeder Klasse	$p_j^* = \begin{cases} Prob^*(Z = k_j) & diskret \\ Prob^*(x_{j-1} < Z < x_j) & stetig \end{cases}$
hypothetische absoluten Häufigkeiten jeder Klasse	$n_j^* = n \cdot p_j^*$
der X^2-Wert, ist ein Maß für die Abweichung beider Verteilungen	$X^2 = \sum_{j=1}^{k} \left\{ \frac{(n_j - n_j^*)^2}{n_j^*} \right\}$
maximal-tolerierte Irrtumswahrscheinlichkeit auch Signifikanzniveau	$\alpha = 1, \dots, 5\%$

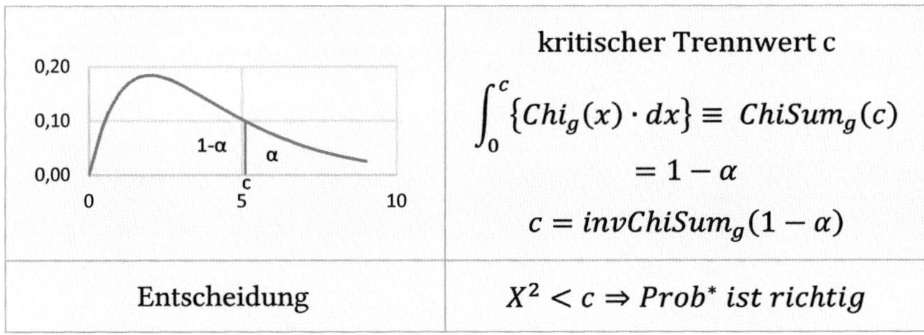

	kritischer Trennwert c
	$\int_0^c \{Chi_g(x) \cdot dx\} \equiv ChiSum_g(c) = 1 - \alpha$ $c = invChiSum_g(1 - \alpha)$
Entscheidung	$X^2 < c \Rightarrow Prob^*$ *ist richtig*

Ich bezeichne den Freiheits**g**rad mit **g**. Weit verbreitet ist stattdessen **f** oder **df**. Ich befürchte, das könnte zu Verwechslungen mit der *Wahrscheinlichkeitsdichte* führen.

ChiSum-Werte und ihre Inversion stellen die wenigsten TR zur Verfügung. Da Studierende in Klausuren wohl kaum über EXCEL verfügen, haben sie nur die Möglichkeit, numerische Werte einer Tabelle zu entnehmen.

Ein einfaches Beispiel zum Chi-Test: Der *LAPLACE-Würfel*

Quelle [11]

Ein Würfel wird als LAPLACE-Würfel angeboten.

Die *Null-Hypothese* H_0 behauptet: »*Alle k=6 Augenwerte haben die gleiche Wahrscheinlichkeit* ⅙«.

Es wurde eine Stichprobe mit n=120 Würfen durchgeführt.

Der Chi-Wert wird in einer EXCEL-Tabelle berechnet:

Tab 49: Chi-Test mit einem Würfel

j	xj	nj	pj*	nj*	X²	
1	1	15	0,167	20	1,25	
2	2	19	0,167	20	0,05	
3	3	22	0,167	20	0,2	
4	4	21	0,167	20	0,05	
5	5	17	0,167	20	0,45	
6	6	26	0,167	20	1,8	
	Sum=	120	1	120	**3,8**	=Chi

Es wird die *maximal tolerierte Irrtumswahrscheinlichkeit* α=5% gewählt. Mit k=6 Klassen, dem Freiheitsgrad g=k-1=5 und α=0.05

wird das *Quantil* $c = invChiSum_5(0.95) = 11.07$ aus der invChiSum-Tabelle (→ Tabellen) gelesen.

Tab 50: Ein Auszug aus der invChiSum-Tabelle

CHIQU.INV(p;g) CHIQU.INV(0,95;5)=11.07

	p									
g	0,005	0,01	0,025	0,05	0,10	0,90	0,95	0,975	0,99	0,995
1	0,000	0,000	0,001	0,004	0,016	2,71	3,84	5,02	6,63	7,88
2	0,010	0,020	0,051	0,103	0,211	4,61	5,99	7,38	9,21	10,60
3	0,07	0,11	0,22	0,35	0,58	6,25	7,81	9,35	11,34	12,84
4	0,21	0,30	0,48	0,71	1,06	7,78	9,49	11,14	13,28	14,86
5	0,41	0,55	0,83	1,15	1,61	9,24	**11,07**	12,83	15,09	16,75
6	0,68	0,87	1,24	1,64	2,20	10,6	12,6	14,4	16,8	18,5

Entscheidung: Da Chi=3.8 < c=11.07 ist, wird Prob* akzeptiert.

Diese Entscheidung kann mit höchstens 5% Irrtumswahrscheinlichkeit falsch sein.

Chi-Beispiel: Normalverteilte Serienproduktion

Quelle [11]

Von einem Messwert X einer Serienproduktion wird behauptet, er sei *normal verteilt*:

Prob* = Norm

Der Serienproduktion wurde eine n=100-Stichprobe entnommen und exakt vermessen. Die Messwerte lagen im Bereich 48...54 mm und wurden in k=6 Klassen eingeteilt. Die *Klassenmitten* werden mit xj bezeichnet. Die abs. Häufigkeiten nj jeder Klasse wurden festgehalten. Von der Normalverteilung sind weder μ noch σ bekannt, sie werden mit Stichprobenwerten geschätzt: $\mu \sim \bar{x}$ und $\sigma \sim s$. Damit ist der Freiheitsgrad g=(k-1)-2=3.

Tab 51: Chi-Wert wird in einer EXCEL-Tabelle berechnet

j	xj	nj	xj·nj	(xj-x̄)²·nj	pj*	nj*	X²	
1	48	5	240	32,51	0,05	4,50	0,06	
2	49	11	539	26,43	0,15	14,76	0,96	
3	50	35	1750	10,59	0,29	29,09	1,20	
4	51	29	1479	5,87	0,30	30,05	0,04	
5	52	13	676	27,33	0,16	16,26	0,65	
6	53	7	371	42,02	0,05	5,34	0,52	
k	Sum=	100	**50,6**	**1,21**	1,00	100	**3,42**	**=Chi**
			μ~x̄	σ~s				

Erläuterung der hypothetischen Wahrscheinlichkeiten p_j^*.

Die Grenzen der Normalverteilung wurden auf $(-\infty \ldots + \infty)$ ausgedehnt.

$p_1^* = \int_{-\infty}^{x_1+0.5} \mathrm{Norm}(x) \cdot dx = \mathrm{NormSum}(x_1 + 0{,}5)$

$p_{j=2\ldots5}^* = \int_{x_j-0.5}^{x_j+0.5} \mathrm{Norm}(x) \cdot dx = \mathrm{NormSum}(x_j + 0.5) - \mathrm{NormSum}(x_j - 0.5)$

$p_6^* = 1 - \sum_{j=1}^{5}\{p_j^*\}$

Es wird α=1% gewählt.

Tab 52: Ein Auszug aus der invChiSum-Tabelle

CHIQU.INV(p;g) CHIQU.INV(0,99;3)=11.34

	p									
g	0,005	0,01	0,025	0,05	0,10	0,90	0,95	0,975	0,99	0,995
1	0,000	0,000	0,001	0,004	0,016	2,71	3,84	5,02	6,63	7,88
2	0,010	0,020	0,051	0,103	0,211	4,61	5,99	7,38	9,21	10,60
3	0,07	0,11	0,22	0,35	0,58	6,25	7,81	9,35	**11,34**	12,84
4	0,21	0,30	0,48	0,71	1,06	7,78	9,49	11,14	13,28	14,86
5	0,41	0,55	0,83	1,15	1,61	9,24	11,07	12,83	15,09	16,75
6	0,68	0,87	1,24	1,64	2,20	10,6	12,6	14,4	16,8	18,5

Trennwert c=invChiSum(α;g)=11.34

Entscheidung: Da Chi=3.42 < c=11.34 wird die Null-Hypothese Prob*=Norm akzeptiert ↑.

4.4 Vertrauensintervalle

Die allgemeine Theorie

Manchmal kennt man von einer Verteilung den Typ wie *Bin, Norm,* .... aber einer ihrer Parameter wie p, μ, σ, ... sind nicht bekannt.

Ein solcher Parameter p wird dann oft mit dem Wert einer n-*Stichprobe* geschätzt. Hier ist p ein beliebiger Parameter, nicht unbedingt die Einzelwahrscheinlichkeit einer Bin-Verteilung! Die Stochastik kann für einen solchen Parameter p ein *Vertrauens-* oder *Konfidenzintervall* angeben:

$u \le p \le o$ (man beachte o≠0)

Die *Konfidenzgrenzen* u, o ermittelt man, indem man die *Vertrauenswahrscheinlichkeit* **vorgibt**.

$$\mathrm{Prob}(u \le p \le o) = \gamma \ = \text{vorgegeben} \qquad (1)$$

Diese Vorgabe von γ ist eine *Spieß-Umkehr*, wie sie beim Signifikanztest ausführlich geschildert wurde. Für γ sind große Werte knapp unter 1 üblich (γ=1 ist nicht möglich!)

in der Industrie: γ = 95 ... 99%
in der Medizin: γ = 99 ... 99.9%

Wenn γ die Vertrauenswahrscheinlichkeit ist, dann ist $\alpha = 1 - \gamma$ die Misstrauens- oder Irrtumswahrscheinlichkeit

$$\alpha = 1 - \gamma = 1 - \mathrm{Prob}(u \le p \le o) = \underbrace{\mathrm{Prob}(p < u)}_{\alpha_u = \mathrm{ProbSum}(u)} + \underbrace{\mathrm{Prob}(p > o)}_{\alpha_o = 1 - \mathrm{ProbSum}(o)} \qquad (2)$$

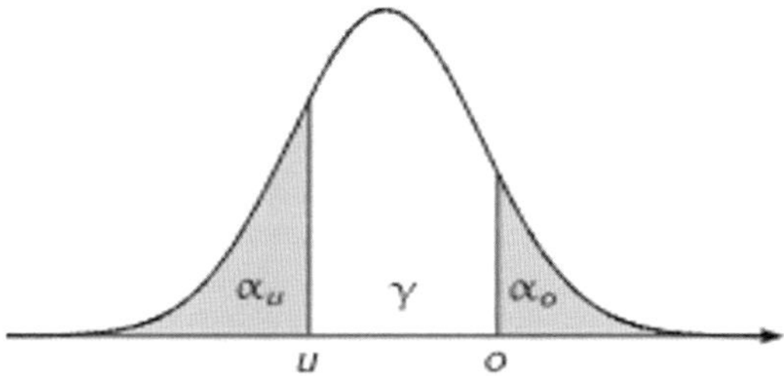

Abb 48: zum Vertrauensintervall [u ... o]

Als Verteilung *Prob* kommen nur stetige Verteilungen wie *Norm*, *Chi*, Stud, ... in Frage, also muss man bei Prob die Ungleichheitszeichen < und ≤ sowie > und ≥ NICHT unterscheiden.

Die Vertrauensgrenzen ermittelt man nach (2) als *Quantile*

$$u = \mathrm{invProbSum}(\alpha_u) \ \text{ und } \ o = \mathrm{invProbSum}(1 - \alpha_o) \qquad (3)$$

Es ist üblich, α auf zwei gleiche Hälften zu verteilen

$$\alpha_u = \alpha_o = \frac{\alpha}{2} = \frac{1-\gamma}{2}$$

Mit diesem Trick können aus einem γ zwei Grenzen u und o ermittelt werden.

$$u, o = \mathrm{invProbSum}\big((1 \mp \gamma)/2\big) \qquad (4)$$

Bsp 1: Das Vertrauensintervall für den Erw μ einer stetigen ZuZa

Quelle [11]

Es liege eine n-Stichprobe vor. Dann ist (⟶ Abschnitt 4.1)

$$\mathrm{Erw}(\bar{x}) = \mu \text{ und } \mathrm{Var}(\bar{x}) = \frac{\sigma^2}{n} = \bar{\sigma}^2. \tag{5}$$

Bezüglich der Streuung σ der Grundgesamtheit sind zwei Fälle denkbar:

a) σ ist bekannt ⇒ Prob=Norm (Begründung ⟶ [11])
   Dieser Fall ist nicht ganz unrealistisch, da viele Hersteller solche Streuwerte als Maschinenparameter mit angeben.

b) σ ist nicht bekannt ⇒ Prob=Stud (Begründung ⟶ [11])
   σ wird über die Stichprobenstreuung geschätzt $\sigma \sim s$ (⟶ Abschnitt 4.1).

In Standardnormalkoordinaten

$$z = \frac{x - \bar{x}}{\bar{\sigma}} \tag{6}$$

ist bekanntlich (⟶ Abschnitt 1.6)

$$\mathrm{Norm}_{\mu;\sigma}(x) = \mathrm{Norm}_{0;1}(z) = \Phi(z)$$

Φ ist wie *Stud* symmetrisch zu z=0. Also wird aus (2) in beiden Fällen sinngemäß

$$z_{u,o} = \mathrm{invProbSum}\big((1 \mp \gamma)/2\big) =: \mp c$$

wobei

$$c = \mathrm{invProbSum}(\beta) = \begin{Bmatrix} \mathrm{inv}\Phi(\beta) \\ \mathrm{invStudSum}(\beta) \end{Bmatrix} \begin{matrix} \text{Fall a} \\ \text{Fall b} \end{matrix}$$

$$\text{mit} \quad \beta := \frac{1+\gamma}{2}$$

Ein Zurückrechnen nach (5) und (6) ergibt für die Vertrauensgrenzen des Erw:

$$\mu_{u,o} = \bar{x} - z_{u,o} \cdot \frac{\sigma}{\sqrt{n}} = \bar{x} \mp c \cdot \frac{\sigma}{\sqrt{n}} \tag{7}$$

Die *invProbSum*-Werte mit *Prob=Norm/Stud* müssen eventuell den Tabellen (⟶Tabellen) entnommen werden.

Tab 53: Ein Vertrauensintervall für den Erw µ

Eine Stichprobe mit n=10 Messwerten xi

i=	1	2	3	4	5	6	7	8	9	**10**
xi=	10	8	9	10	11	10	9	12	8	12
$(xi-\bar{x})^2$=	0,01	3,61	0,81	0,01	1,21	0,01	0,81	4,41	3,61	4,41
$\bar{x}$=	9,9		s²=	2,1						
a) σ ist gegeben			σ=	2	c=	invΦ=	NORM.INV(ß;0;1)			
γ=	0,95	ß=	0,975		c=	1,96	**µu=**	**8,66**	**µo=**	**11,14**
	0,99		0,995			2,58		**8,27**		**11,53**
b) σ wird geschätzt			s=	1,45	c=	invStudSum=		T.INV(ß;n-1)		
γ=	0,95	ß=	0,975		c=	2,2622	**µu=**	**8,86**	**µo=**	**10,94**
	0,99		0,995			3,250		**7,84**		**11,96**

Die Ergebnisse sind also

Fall a)	γ=95%	8.66 ≤ µ ≤11.14
	γ=99%	8.27 ≤ µ ≤11.53
Fall b)	γ=95%	8.86 ≤ µ ≤10.94
	γ=99%	7.78 ≤ µ ≤12.02

Ein Vergrößern der Vertrauenswahrscheinlichkeit γ vergrößert auch das Vertrauensintervall $[\mu_u \ldots \mu_o]$.

Beispiel 2: Das Vertrauensintervall für die unbekannte Streuung σ einer normalverteilten ZuZa

σ wird mit der Streuung s einer n-Stichproben geschätzt σ~s (→ Abschnitt 4.1). Die stetige ZuZa (Begründung → [11])

$$z = g \cdot \left(\frac{s}{\sigma}\right)^2 \text{ mit dem Freiheitsgrad g=n} \qquad (8)$$

ist Chi-verteilt. Man ermittelt so die Vertrauensgrenzen von z analog zu nach (4)

$$z_{u,o} = \text{invChiSum}_g\big((1 \mp \gamma)/2\big)$$

Und mit (6) folgt

$$\sigma_{u,o} = s \cdot \sqrt{g/z_{u,o}} \qquad (9)$$

Ob der Erwartungswert µ dabei bekannt oder unbekannt ist, spielt dabei keine Rolle.

Tab 54: Ein Vertrauensintervall für die Streuung σ

Stichprobe									n=	8
xi=	100	104	98	96	101	104	98	99	$\bar{x}$=	100
$(xi-\bar{x})^2$=	0	16	4	16	1	16	4	1	s²=	8,29
g=	n-1=	7	zu,o=	invChiSumg((1∓γ)/2)=			CHIQU.INV((1∓γ)/2;g)			
γ=	0,95	zu=	1,69	zo=	16,01	**σu=**	**1,90**	**σo=**	**5,86**	
γ=	0,99	zu=	0,99	zo=	20,28	**σu=**	**1,69**	**σo=**	**7,66**	

Beispiel 3: Auswertung einer Messreihe

Wenn man die gleiche Messgröße Z mit mehreren Messungen misst, ist das Ergebnis nicht immer gleich, sondern streut. Die zufälligen (nicht systematischen) Messfehler haben eine Reihe von Ursachen, die sich alle zum Gesamtmessfehler addieren. Nach dem ZGWS sind solche Messwerte Z annähernd normalverteilt. Stochastisch betrachtet man eine solche Messreihe $Z = \{x_1, x_2, \dots, x_n\}$ als eine *n-Stichprobe* aus einer Grundgesamtheit mit Stichprobenmittelwert und Varianz

$$\mu \sim \bar{x} = \frac{1}{n} \cdot \sum_i [x_i] \text{ und } \sigma^2 \sim s^2 = \frac{1}{n-1} \cdot \sum_i [(\bar{x} - x_i)^2]$$

Beide werden als *Schätzwerte* für die Parameter μ und σ^2 der Grundgesamtheit angesehen. Man gibt das Ergebnis einer solchen Messung in Form eines *Vertrauensintervalls* an

$$Z = \bar{x} \pm \Delta x \quad \Leftrightarrow \quad \underbrace{\bar{x} - \Delta x}_{u} \leq Z \leq \underbrace{\bar{x} + \Delta x}_{o} \qquad (o \neq 0)$$

Mit der üblichen **Vorgabe der Vertrauenswahrscheinlichkeit** γ (=95 ... 99%) ermittelt man Δx als stochastische Größe wie bei (5).

$$\Delta x = c \cdot \frac{s}{\sqrt{n}} \quad \text{mit} \quad c = \text{invStudSum}_g(\beta)$$
$$\text{und} \quad \beta = (1 + \gamma)/2 \quad g = n - 1 \tag{10}$$

Tab 55: Auswertung einer Messreihe

Messwerte oder n-Stichprobe							n=	6
xi=	1,254	1,26	1,25	1,251	1,245	1,258	x̄=	1,253
(xi-x̄)²=	1E-06	4,9E-05	9E-06	4E-06	6,4E-05	2,5E-05	s²=	3E-05
		c=	invStudSumg(ß)=			T.INV(ß;n-1)		
γ	ß	c	Δx					
0,95	0,975	2,571	0,006					
0,99	0,995	4,032	0,009					

Aufgaben und Lösungen

Ich wage es, Erkenntnisse meiner persönlichen und pädagogischen Erfahrung voranzustellen.

Das Lösen von Aufgaben soll den Stoff des vorangegangenen Kapitels thematisieren und den Studierenden dazu bringen, sich wesentliche Begriffe und Gedankengänge zu erarbeiten (evt. durch Zurückblättern) und einzuprägen. Von einer Aufgabe die Lösung zu recherchieren, zu kopieren und abzuheften beruhigt die Nerven, bringt aber nur minimalen Erkenntnisgewinn. Aber um diesen geht es! Man gewinnt neue Erkenntnisse nur, wenn man das Problem, seine Fragestellung erkennt, einordnen kann (ein erster Schritt) und eigene Lösungsversuche startet. Wer weiß, wo die Lösung steht, aber nicht sofort nachschaut, sondern erst eine eigene Lösung versucht, hat nicht nur einen starken Charakter, sondern bildet neues Wissen! Diese *eigenen Lösungsversuche* sind unglaublich wichtig, ohne sie kommt man nicht weiter. Selbst wenn man die Lösung nicht hinbekommt, ist schon eine gedankliche Auseinandersetzung mit dem Problem ein Gewinn! Wenn man eigene Lösungsversuche mit veröffentlichten Lösungen vergleicht, dann kann dies frustrieren, hilft aber dennoch weiter.

Aufgaben zur Kombinatorik

Aufgabe | **Pferderennen**

An einem Pferderennen nehmen n Pferde teil. *Wie viele Möglichkeiten gibt es, das Siegerpodest mit 3 Plätzen zu besetzen?*

Aufgabe | **Diagonalen**

Wie viele Diagonalen hat ein konvexes n-Eck?

Aufgabe | **Klausur**

In einer Klausur sind 10 Aufgaben zu lösen. Die Klausur besteht, wer die ersten 3 und insgesamt mindestens 7 Aufgaben richtig löst. *Auf wie viele Arten kann man diese Klausur bestehen?*

Aufgabe | **Hotel**

Im Fall $g>z$ werden $(g-z)$ Gäste im benachbarten Hotel untergebracht. *Auf wie viele Arten kann man die Unterbringung realisieren?*

Aufgabe | **Tanzschule**

In einer Tanzschule gibt es m Mädchen und b Buben.
Wie viele verschiedene Paarungen sind möglich, wenn
a) $m=b$ *b)* $m<b$ *c)* $m>b$*?*

Wenn zwei Buben ihre Partnerin tauschen, soll dies als neue Möglichkeit gezählt werden.

Aufgabe | **Fünf an einem Tisch**

An einem quadratischen Tisch stehen 5 Stühle. Der Tisch ist groß genug, so dass auch alle 5 Stühle an einer Seite Platz haben. *Wie viele Möglichkeiten gibt es, die 5 Personen an den Tisch setzen?* Tauschen zwei Personen ihre Plätze, so soll dies als neue Möglichkeit gezählt werden.

Aufgabe | **Semesterkurse**

Die 40 Studierenden eines Semesters sollen in 4 Kurse mit je 10 Teilnehmern eingeteilt werden. Die Einteilung wird vollkommen dem Zufall überlassen.

a) Wie viele verschiedene Kursbildungen sind möglich?

Wenn zwei Teilnehmer ihre Kurse tauschen, dann entsteht eine neue Möglichkeit.
Jetzt kommen noch 2 Studierende hinzu. Es sollen je zwei 10-er und zwei 11-er Kurse gebildet werden.

b) Wie viele verschiedene Kursbildungen sind jetzt möglich?

Aufgabe | **Mississippi**

Der Name eines der längsten Flüsse der USA hat 11 Buchstaben. *Wie viele verschiedene Möglichkeiten gibt es, die Buchstaben aneinander zu reihen?* Beachten Sie: dies ergibt fast nie ein sinnvolles „Wort“.

Aufgabe | **Briefchaos**

Einer Sekretärin wurde fristlos gekündigt. Sie soll als letzte Aufgabe n fertige Briefe in n beschriftete Kuverts stecken und frankieren. Die Sekretärin will sich für ihre Kündigung rächen und steckt jeden Brief in ein falsches Kuvert. Es entsteht die Frage:

Wie viele Möglichkeiten M_n gibt es für das perfekte Briefchaos? Ein **Tipp:** Machen Sie sich klar, dass $M_{1,2,3}=0,1,2$ und tasten Sie sich *rekursiv* an $M_{4,5,\ldots}$ heran. Es ist nur diese rekursive Lösung gefragt.

!? Aufgaben zur Fehlerfortpflanzung

Aufgabe | **Federpendel**

Bei einem Federpendel hängt die Schwingungsdauer $T = 2\pi \cdot \sqrt{m/k}$ von der Masse m und der Federkonstanten k ab. Die Masse 1.5 kg streut um 1%, die Federkonstante 10^5 N/m um 2%.

Um wieviel streut die Schwingungsdauer?

Aufgabe | **Fadenpendel**

Bei einem Fadenpendel hängt die Schwingungsdauer $T = 2\pi \cdot \sqrt{g/\ell}$ von der Fallbeschleunigung g und der Pendellänge ℓ ab. Man kann dabei T und ℓ sehr genau messen und daraus die Fallbeschleunigung g ermitteln. Eine Messung ergab T = 8.80 sec ± 2% und ℓ = 5 m ± 3%.

Welche Werte gibt es für g und Δg?

!? Aufgaben zur Regression

Aufgabe | **Regressionsgerade**

Gegeben sind 8 Messpunkte:

x_i=	2	3.5	4	5.3	5.8	6.2	7	8.8
y_i=	3	4	4.8	5.1	5.9	5.9	6.2	7.9

Zu ermitteln ist die Regressionsgerade, die diese Punkte „am besten trifft“.

Aufgaben zur Wahrscheinlichkeit

Aufgabe | **Verknüpfte Ereignisse**

Für zwei beliebige Ereignisse A und B sind gegeben:
$Prob(A) = a, Prob(B) = b$ und $Prob(A \cap B) = c$.

Berechnen Sie die folgenden Wahrscheinlichkeiten unter ausschließlicher Verwendung von a,b,c:

a) $Prob(A \cup B)$ *b)* $Prob(\bar{A} \cup \bar{B})$
c) $Prob(\bar{A} \cap \bar{B})$ *d)* $Prob(A \cap \bar{B})$
e) $Prob\big((A \cap \bar{B}) \cup (\bar{A} \cap B)\big)$

Aufgabe | **r Richtige beim TOTO**

Beim TOTO sind 11 Spielergebnisse mit je 3 Möglichkeiten (0,1,2) vorherzusagen.

Welche Wahrscheinlichkeit haben r=0,1,2,...,11 Richtige?

Aufgabe | **LOTTO mit 5 Kreuzen**

Jemand macht versehentlich nur 5 statt 6 Kreuze im 7x7-Feld eines LOTTO-Zettels. Gezogen werden wie immer 6 aus 49 Kugeln.

Welche Chance hat der Spieler auf r Richtige?

Aufgabe | **LOTTO mit nur Quadrat- oder nur Primzahlen**

Beim LOTTO-6aus49 gab es bei zwei Ziehungen die Ereignisse:
A: «nur Quadratzahlen» B: «nur Primzahlen».

Gesucht sind Prob(A) und Prob(B).

Aufgabe | **Überlebenschance eines Hasen**

Ein Jäger hat eine Trefferquote t. Er schießt s-mal auf einen Hasen.

Welche Chance hat der Hase zu überleben?

Aufgabe | **Skat**

Beim Skatspiel werden 32 Karten, darunter 4 unterschiedliche Buben, auf 3 Spieler verteilt. 2 Karten bleiben verdeckt auf dem Tisch liegen.

Wie groß ist die Wahrscheinlichkeit, dass

a) ich alle vier Buben bekomme?
b) alle vier Buben in einer Hand sind?
c) jeder Spieler genau einen Buben hat?

Aufgabe | **Heilungschancen**

Ein Medikament wirkt im Schnitt bei 80 von 100 Patienten. Es werden 123 Patienten behandelt.

a) Wie viele der 123 Patienten werden geheilt?
b) Welche Zahl an Geheilten kann man erwarten?
c) Wie wahrscheinlich ist es, dass genau 100 geheilt werden?
d) Wie wahrscheinlich ist es, dass mindestens 100 geheilt werden?

Aufgabe | **Zwei Schützen**

Von zwei Schützen weiß man, dass sie mit den Wahrscheinlichkeiten a und b treffen. In einem Wettkampf schießt jeder n-mal.

Welche Wahrscheinlichkeiten haben folgende Ereignisse?

E: «Jeder trifft 1-mal»
F: «Nur einer trifft 1-mal»
G: «Keiner trifft»

*Aufgabe | **Kneipenbesuch***

Ein Kneipenbesucher besucht seine 3 Lieblingskneipen A, B, C an 3, 2, 1 Tagen pro Woche.

a) Mit welcher Wahrscheinlichkeit trifft man ihn an einem Montag in einer der 3 Kneipen?

Der Zufall will es, dass man IHN bei einem Besuch einer der 3 Kneipen antrifft.

b) Wie groß ist die Wahrscheinlichkeit, dass es die Kneipe A,B,C war?

Aufgabe | **Defekte Glühbirnen**

In einer Warenlieferung von 100 Glühbirnen (GB) befinden sich 7 defekte. Zu Kontrollzwecken werden der Lieferung 5 GB zufällig und ohne Zurücklegen entnommen. Gesucht ist die Wahrscheinlichkeit dafür, dass diese Stichprobe

a) «genau 3» b) «keine» c) «mindestens eine» d) «höchstens 3»

defekte GB enthält.

Aufgabe | **Wahlverhalten**

In einer Großstadt wurde die Sympathie von 3 Altersgruppen Junior, Erwachsener, Senior der Wahlberechtigten zu den politischen Parteien A, B, C und X (= sonstige inkl. Nichtwähler) ermittelt.

Bevölkerungs-gruppe=	Junior	Erwachsener	Senior
Bevölkerungs-anteil=	27%	45%	28%
Sympathisant von A=	22%	25%	44%
Sympathisant von B=	33%	45%	22%
Sympathisant von C=	11%	15%	25%
Sympathisant von X=	34%	15%	9%

a) Mit welchem Stimmenanteil kann jede Partei am kommenden Wahlsonntag rechnen?

Ein Wähler outet sich vor einem Wahllokal als A-, B-, C- oder X-Sympathisant.

b) Mit welcher Wahrscheinlichkeit ist er Junior, Erwachsener oder Senior?

Aufgabe | **Erweiterung von 2 auf 3**

Die bekannten Formeln für zwei Ereignisse
$\text{Prob}(A \cup B) = \text{Prob}(A) + \text{Prob}(B) - \text{Prob}(A \cap B)$ und
$\text{Prob}(A \cap B) = \text{Prob}(A) \cdot \text{Prob}_A(B)$
sind auf drei Ereignisse zu verallgemeinern.

⁉ Aufgaben zu ZuZa

Aufgabe | **Münze & Würfel**

Es sollen zwei ZuEx »Werfen einer Münze« und »Würfeln mit 1 Würfel« verglichen werden. Es wird jeweils 5-mal geworfen. Es werden die ZuZa M=„Anzahl Kopf“ und W=„Anzahl ⚅“ betrachtet.

Geben Sie die Verteilungen der ZuZa M und W an und zeichnen Sie deren Graphen!

Aufgabe | **PrimFakt**

Von den ganzen Zahlen 10 bis 20 sei Z die jeweilige Anzahl an Primfaktoren. Z.B. hat 12=2·2·3 drei Primfaktoren. *Geben Sie die Verteilung der ZuZa Z an und zeichnen Sie deren Graphen!*

Aufgabe | **Eine stetige Verteilung**

Die Funktion $g_{a;b}(x) = \begin{Bmatrix} a \cdot x^2 \cdot (b-x) & 0 \leq x \leq b \\ 0 & sonst \end{Bmatrix}$ $a, b \in \mathbb{R}^+$
soll Wahrscheinlichkeitsdichte f(x) einer stetig verteilte ZuZa Z werden.

a) Skizzieren Sie den Graphen von $g_{4;2}(x)$!
b) Welche Werte müssen die Parameter a und b haben?
c) Wie lautet die zugehörige Verteilungsfunktion F?
d) Berechnen Sie die Wahrscheinlichkeit dafür, dass die ZuZa Z einen Wert kleiner oder gleich 1 annimmt!
e) Berechnen Sie Erw(Z) und Var(Z)!

Aufgaben zum Erw

Aufgabe | **Eintritt würfeln**

Bei einer Veranstaltung kann man entweder 3 € bezahlen oder den Eintrittsbetrag *würfeln.*

a) Wie würden Sie sich entscheiden?

Von den Besuchern haben sich 60% für den Würfeleintritt entschieden.

b) Mit welchem Erlös kann der Veranstalter rechnen?

Aufgabe | **LOTTO-MinMax**

Es seien X die kleinste und Y die größte der 6 Zahlen eines LOTTO-Ergebnisses. *Gesucht sind*

a) Die Verteilungen der ZuZa X und Y
b) Die Erwartungswerte Erw(X) und Erw(Y)

Die Zahlenwerte von b) sind numerisch einfach als Summe zu ermitteln. Es empfiehlt sich eine EXCEL-Tabelle.

Aufgabe | **3-Würfelspiel**

Bei einem Würfelspiel werden 3 LAPLACE-Würfel gleichzeitig geworfen und die ZuZa Z=Augensumme festgehalten. Ein Spielbetreiber bietet nun an, dass er bei einer gewürfelten Primzahl das p-fache und bei einer gewürfelten Quadratzahl das q-fache des Einsatzes, sonst aber nichts ausbezahlt.

a) Kann der Spielbetreiber mit p=2, q=3 ökonomisch überleben?
b) Testen Sie auch p=1.5, q=2!

Aufgaben zu Tests

Aufgabe | **Partei**

Eine Partei hatte bei der letzten Wahl einen Stimmenanteil von 35%. Die Wahl ist einige Monate her und die Partei möchte wissen, ob sich die Wählerstimmung inzwischen verbessert oder verschlechtert hat. Ein Meinungsforschungsinstitut (MFI) soll dies mit einer Befragung von 100 Wahlberechtigten prüfen. Das MFI sagt: Die Frage ist mit einer solchen Stichprobe nur mit einer gewissen Irrtumswahrscheinlichkeit (IW) zu beantworten. Die Partei gibt diese als 2% vor. Bei der Befragung gab es k Wählerstimmen für die Partei.

a) Welche k-Werte werden das MFI veranlassen zu sagen:
Die Stimmung hat sich
a1) verschlechtert a2) verbessert a3) nicht verändert?

b) Welche Irrtumswahrscheinlichkeit hat das jeweilige Ergebnis des MFI?

Lösungen

Bei den im Folgenden dargestellten Lösungen gibt es immer mal wieder rein numerische Berechnungen, die mit EXCEL erledigt werden. Dabei entstehen z.T. Tabellen, deren Umfang für eine Stochastikklausur nicht möglich wäre. Sie sollen nur ‚die Berechnung an sich' zeigen. Es lohnt sich evt., einzelne Werte mit dem TR zu überprüfen. Wichtig dabei ist es, die Methode dieser Berechnung zu begreifen.

Ich benütze meist die Abkürzung Prob() → P()

Lösungen der historischen Aufgaben

Lösung | **Pascal**

Bei «mindestens eine» drängt sich die das Gegenereignis «keine» auf:

$$P(E_1) = 1 - P(\overline{E_1}) = 1 - \left(\frac{5}{6}\right)^4 \approx 0.52$$

$$P(E_2) = 1 - P(\overline{E_2}) = 1 - \left(\frac{35}{36}\right)^{24} \approx 0.49$$

Lösung | **Leibniz**

Man sollte sich die Würfel unterscheidbar denken.
«S=12» = {(6+6)}   «S=11» = {(5+6);(6+5)}
P(S=12)=1/36   P(S=11)=2/36

Lösung | **Galilei**

Es ist immer gut sich vorzustellen, dass die 3 Würfel etwa durch ihre Farbe unterscheidbar sind, sodass man ⚀, ⚁, ⚂ und ⚁, ⚀, ⚂ unterscheiden kann. Die Anzahl der Möglichkeiten für das Ergebnis (1;2;6) ist demnach 3!=6. Die Anzahl der Möglichkeiten für das Ergebnis (2;2;5) ist demnach 3, die 5 kann an 3 verschiedenen Stellen stehen.

$|\Omega|=6^3=216$

«S=9» = $\underbrace{((1+2+6);(1+3+5);(2+3+4))}_{3\cdot 3!};\underbrace{((2+2+5);(1+4+4))}_{2\cdot 3};\underbrace{(3+3+3)}_{1}$

|S=9| = 3·3!+2·3+1=25 ⇒ P(S=9) = 25/216

«S=10» = $\underbrace{((1+3+6);(1+4+5);(2+3+5))}_{3\cdot 3!};\underbrace{((2+2+6);(2+4+4);(3+3+4))}_{3\cdot 3}$

|S=10| = 3·3!+3·3=27 ⇒ P(S=10) = 27/216

Man muss Galilei beglückwünschen, dass er den geringen Unterschied von 2/216≈0.009 experimentell ermittelt hat.

Lösung | **Huygens.1**

Jede Farbe hat 8 Karten.

P(«vier verschiedene Farben») $= \frac{32}{32}\cdot\frac{32-8}{31}\cdot\frac{32-8\cdot 2}{30}\cdot\frac{32-8\cdot 3}{29} = \frac{24}{31}\cdot\frac{16}{30}\cdot\frac{8}{29}$
≈ 0.114

Die Einsätze sollten also bei einem fairen Spiel wie 886:114 verteilt sein.

Lösung | **Huygens.2**

«S=6»={(1+5);(2+4);(3+3);(4+2);(5+1)}

$a := P(S=6) = 5/36 \quad \bar{a} := 1 - a = \frac{31}{36}$

«S=7»={(1+6);(2+5);(3+4);(4+3);(5+2);(6+1)}

$b := P(S=7) = 6/36 \quad \bar{b} := 1 - b = 30/36$

Der Spielverlauf kann sehr schön durch einen *EreignisBaum* veranschaulicht werden:

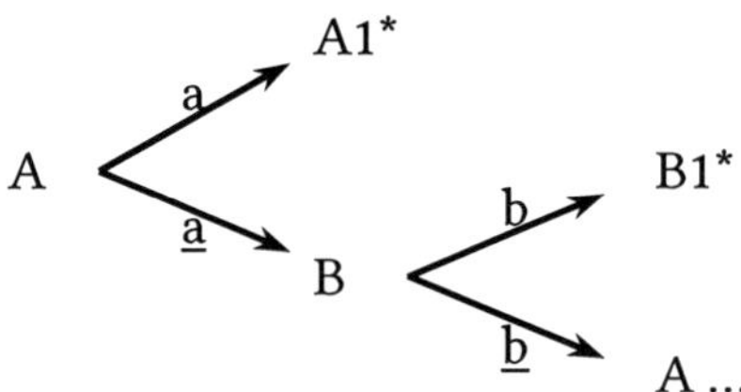

Abb 49: Ereignisbaum

A_n^*: «A gewinnt beim n-ten Wurf»
B_n^*: «B gewinnt bei seinem n-ten Wurf»
$P(A_1^*) = a = 5/36 \approx 0.139$
$P(B_1^*) = \bar{a} \cdot b = 31 \cdot 6/36^2 \approx 0.144$
$P(A_2^*) = (\bar{a} \cdot \bar{b}) \cdot a = 31 \cdot 30 \cdot 5/36^3 \approx 0.010$
$P(B_2^*) = (\bar{a} \cdot \bar{b}) \cdot \bar{a} \cdot b = 31^2 \cdot 30 \cdot 6/36^4 \approx 0.103$

$P(A_n^*) = \underbrace{(\bar{a} \cdot \bar{b}) \cdot (\bar{a} \cdot \bar{b}) \cdot \ldots \cdot (\bar{a} \cdot \bar{b})}_{n-1} \cdot a = r^{n-1} \cdot a$ wobei $r := \bar{a} \cdot \bar{b} = 30 \cdot 31/36^2 \approx 0.718$
$P(B_n^*) = \underbrace{(\bar{a} \cdot \bar{b}) \cdot (\bar{a} \cdot \bar{b}) \cdot \ldots \cdot (\bar{a} \cdot \bar{b})}_{n-1} \cdot \bar{a} \cdot b = r^{n-1} \cdot \bar{a} \cdot b$
Man beachte:

$B_n^* \neq \overline{A_n^*}$, da z.B. $P(A_1^*) + P(B_1^*) = \frac{5}{36} + 31 \cdot \frac{6}{36^2} \neq 1$
$P(\text{«A gewinnt»}) = P(A_1^* \cup A_2^* \cup \ldots) = P(A_1^*) + P(A_2^*) + \cdots$
$= \underbrace{(1 + r + r^2 + \cdots)}_{\frac{1}{(1-r)} \approx 3.541} \cdot a \approx 0.492$

‼ Lösungen der Kombi-Aufgaben

Lösung | **Pferderennen**

Es handelt sich um das typische *Ranglistenproblem* mit (hier) $M = \frac{n!}{(n-3)!}$ Möglichkeiten.

Beliebt ist auch die alternative Lösung: Von den n Pferden werden 3 ausgewählt. Dafür gibt es $\binom{n}{3}$ Möglichkeiten (Teilmengenproblem). Die 3 ausgewählten Pferde kann man auf 3! verschiedene Weisen auf die 3 Podestplätze verteilen. Daher gibt es
$M = \binom{n}{3} \cdot 3! = \frac{n!}{3! \cdot (n-3)!} \cdot 3! = n \cdot (n-1) \cdot (n-2)$ Möglichkeiten.

Lösung | **Diagonalen**

Man kann die n Eckpunkte mit $\binom{n}{2} = \frac{n!}{2!\cdot(n-2)!} = \frac{n\cdot(n-1)}{2}$ Linien verbinden. Aber die n Seiten sind keine Diagonalen, also gibt es $d = \frac{n\cdot(n-1)}{2} - n = \frac{n\cdot(n-3)}{2}$ Diagonalen.

Lösung | **Klausur**

Man muss außer den ersten 3 von den restlichen 7 Aufgaben mindestens 4 lösen. Man kann also 4 oder 5 oder 6 oder 7 restliche Aufgaben lösen. Dafür gibt es

$\binom{7}{4} + \binom{7}{5} + \binom{7}{6} + \binom{7}{7} = 35 + 21 + 7 + 1 = 64$ Möglichkeiten.

Aus ODER wurde PLUS.

Lösung | **Hotel**

Es gibt zwei Fälle: g≤z und g>z. Man muss aus einer Menge eine Teilmenge auswählen und diese anordnen. Beide Fälle kann man daher als ein Ranglistenproblem ansehen.

g≤z: Die g Gäste sind die Listenplätze, auf die die z Zimmer verteilt werden.

$M = z!/(z-g)!$
Die Anordnung der (z−g) nicht-belegten Zimmer ist belanglos.
Mit z=g und 0!=1 wird M=z!.

g>z: Die z Zimmer sind die Listenplätze, auf die die g Gäste verteilt werden.

$M = g!/(g-z)!$
Die Anordnung der (g−z) im benachbarten Hotel untergebrachten Gäste ist belanglos.

Lösung | **Tanzschule**

Ein Ranglistenproblem mit $M = n!/(n-k)!$ Möglichkeiten, wobei n≥k und 0!=1.
a) M=m!=b! b) M=b!/(b−m)! c) M=m!/(m−b)!

Lösung | **5 an einem Tisch**

Man kann die 5 Stühle wie folgt an die 4 Tischseiten stellen:

StuhlVerteilung	50 00	41 00	32 00	31 10	22 10	21 11	
Möglichkeiten	4	4·3=12	4·3=12	4·3=12	4·3=12	4	**56**

Bei der ‚3 1 1 0'-Anordnung stehen 3 Stühle an einer, und je einer an zwei weiteren Tischseiten. Eine Tischseite ist unbesetzt. Man hat für die 3-er-Belegung 4 und dann für die 0-Belegung noch 3 Möglichkeiten. Also hat man 4·3=12 Möglichkeiten. Somit gibt es insgesamt 56 verschiedene Stuhlanordnungen. Man kann die 5 Personen auf 5! verschiedene Weisen auf die Stühle setzen. Also gibt es 56·5! = 6720 Möglichkeiten, die 5 Personen an den Tisch zu setzen.

Lösung | **Semesterkurse**

a) Man wählt erst 10-aus-40, dann 10-aus-30, … .
$M = \binom{40}{10} \cdot \binom{30}{10} \cdot \binom{20}{10} \cdot \binom{10}{10} = \cdots = 40!/(10!)^4 \approx 4.7 \cdot 10^{21}$

b) Man kann die beiden Nachzügler auf 4·3=12 Arten auf die 4 Gruppen verteilen. Also erhöht sich die Zahl der Möglichkeiten um den Faktor 12.

Lösung | **Mississippi**

Unter den 11 Buchstaben von „Mississippi" gibt es ein ‚M', zwei ‚p' und je vier ‚i', ‚s'. Eine Anordnung von 11 Buchstaben hat 11! Möglichkeiten. Aber eine Vertauschung gleicher Buchstaben verändert das „Wort" nicht. Also gibt es: $M = \frac{11!}{1!\cdot 2!\cdot 4!\cdot 4!} = 34\,650$ Möglichkeiten.

Lösung | **Briefchaos**

$M_1=0$ dürfte klar sein. Bei n=2 wäre [1] [2] nicht-chaotisch, da Brief B1 in Kuvert K1 und Brief B2 in Kuvert K2 steckt. Ich gehe also davon aus, dass die Kuverts in einer bestimmten, immer gleichen Reihenfolge [1][2] vorliegen. Es gibt nur <u>ein</u> 2er-Chaos [2] [1] , bei dem B2 in K1 und B1 in K2 steckt; also ist $M_2=1$. Bei n=3 Briefen wäre [1] [2] [3] nicht-chaotisch. [2] [1] [**3**] wäre nur teil-chaotisch, da B3 richtig steckt. Erst wenn man B3 mit B1 oder B2 tauscht, wird das Chaos perfekt.

Es gibt also zwei perfekte 3er-Chaos: [3] [1] [2] und [2] [3] [1]. Also ist $M_3=2$.

Nun kommt B4 zunächst in K4 hinzu. Dabei muss man 2 Fälle unterscheiden:

- es lag ein schon perfektes 3er-Chaos vor [3] [1] [2] [**4**]. B4 muss mit B1, B2 oder B3 getauscht werden $\longrightarrow$ $3 \cdot M_3$ Möglichkeiten.
- es lag ein 3er-Teil-Chaos vor, ein Brief war im richtigen Kuvert [2] [1] [**3**] [**4**]. B4 muss mit dem richtig sortierten B3 getauscht werden $\longrightarrow$ $3 \cdot M_2$ Möglichkeiten.

Zusammen wird $M_4=3 \cdot (M_3+M_2)$.

Dies kann leicht auf n=5 verallgemeinert werden und gibt $M_5=4 \cdot (M_4+M_3)$.

Und noch allgemeiner: $M_{n+1} = n \cdot (M_n + M_{n-1})$. Diese iterative Lösung soll genügen.

Lösungen zur Fehlerfortpflanzung

Lösung | **Federpendel**

$$T(m,k) = 2\pi \cdot m^{1/2} \cdot k^{-1/2} \quad \Rightarrow \quad \frac{\partial T}{\partial m} = \frac{\pi}{\sqrt{m \cdot k}} \qquad \frac{\partial T}{\partial k} = -\pi \cdot \sqrt{\frac{m}{k^3}}$$

$$\Delta T = \left|\left(\frac{\partial T}{\partial m}\right) \cdot \Delta m\right| + \left|\left(\frac{\partial T}{\partial k}\right) \cdot \Delta k\right|$$

Feder-Pendel			alles in m-kg-sec			nach Betrag		
m=	1,5	Δm=	1%	0,015	∂T/∂m=	0,2565	T=	0,7695
k=	100	Δk=	2%	2	∂T/∂k=	-0,0038	ΔT=	0,0115
							ΔT/T=	**1,5%**

Lösung | **Fadenpendel**

$$g(\ell,T) = \ell \cdot T^2/4\pi^2 \quad \Rightarrow \quad \frac{\partial g}{\partial \ell} = \frac{T^2}{4\pi^2} \qquad \frac{\partial g}{\partial T} = \frac{\ell \cdot T}{2\pi^2}$$

$$(\Delta g)^2 = \left(\left(\frac{\partial g}{\partial \ell}\right) \cdot \Delta \ell\right)^2 + \left(\left(\frac{\partial g}{\partial T}\right) \cdot \Delta T\right)^2$$

Faden-Pendel			alles in m-kg-sec			nach GAUSS		
ℓ=	5	Δℓ=	0,02%	0,001	∂g/∂ℓ=	1,9616	g=	9,8079
T=	8,8	ΔT=	0,01%	0,00088	∂g/∂T=	2,2291	Δg=	0,0028
							Δg/g=	**0,03%**

‼ Lösungen zur Regression

Lösung | **Regressionsgerade**

$$y(x) = a \cdot x + b \quad (\rightarrow 1.4) \quad a = \frac{(\overline{xy} - \bar{x} \cdot \bar{y})}{(\overline{x^2} - \bar{x}^2)} \qquad b = \bar{y} - a \cdot \bar{x}$$

Regressions-Gerade									z̄		
xi=	2	3,5	4	5,3	5,8	6,2	7	8,8	5,33	a=	0,69
yi=	3	4	4,8	5,1	5,9	5,9	6,2	7,9	5,35	b=	1,68
xiyi=	6	14	19,2	27,03	34,22	36,58	43,4	69,52	31,24		
xi^2=	4	12,25	16	28,09	33,64	38,44	49	77,44	32,36		

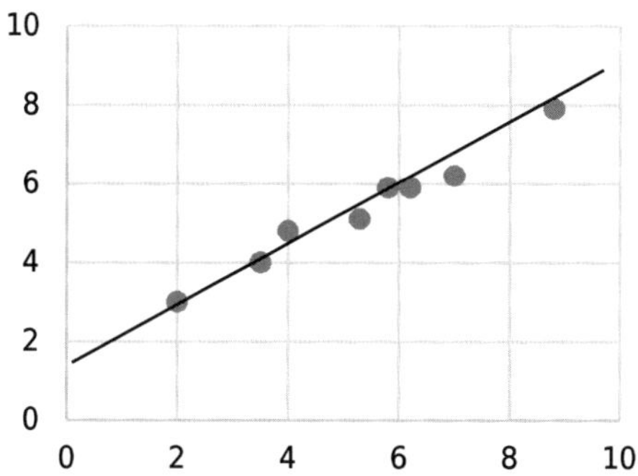

Lösungen zur Wahrscheinlichkeit

Lösung | **Verknüpfte Ereignisse** (ich kürze ab Prob ⟶ P)

a) $P(A \cup B) = P(A) + P(B) - P(A \cap B) = a + b - c$

Additionssatz

b) $P(\overline{A} \cup \overline{B}) = P(\overline{A \cap B}) = 1 - P(A \cap B) = 1 - c$

DeMorgan

c) $P(\overline{A} \cap \overline{B}) = P(\overline{A \cup B}) = 1 - P(A \cup B) = 1 - a - b + c$

d) Mengenbild

$$A = \underbrace{(A \cap \overline{B}) \sqcup (A \cap B)}_{\text{disjunkt}} \; P(A \cap \overline{B}) = P(A) - P(A \cap B) = a - c$$

e) Mengenbild

$$(A \cap \overline{B}) \cup (\overline{A} \cap B) = \underbrace{(A \cap \overline{B}) \sqcup (\overline{A} \cap B)}_{\text{disjunkt}}$$

$$P\big((A \cap \overline{B}) \sqcup (\overline{A} \cap B)\big) = P(A \cap \overline{B}) + P(\overline{A} \cap B)$$
$$= a - c + b - c = a + b - 2c$$

Lösung | **Richtige beim TOTO**

Man muss bei r der 11 Spiele die einzig richtige Vorhersage machen, dafür hat man $\binom{11}{r}$ Möglichkeiten UND man muss bei den restlichen (11−r) Spielen eine der beiden falschen Vorhersagen machen, dafür gibt es 2^{11-r} Möglichkeiten. Aus UND wird mal wieder MAL. Insgesamt gibt es 3^{11} Möglichkeiten.

Mit LAPLACE (günstig/möglich) folgt:
Prob(«r Richtige beim TOTO») $= \binom{11}{r} \cdot 2^{11-r}/3^{11}$.

TOTO		Er=«r Richtige»						|Ω|=	3^11=	177.147		
r=	0	1	2	3	4	5	6	7	8	9	10	11
P(Er)=	0,012	0,064	0,159	0,238	0,238	0,167	0,083	0,030	0,007	1,2E-03	1,2E-04	5,6E-06

Lösung | **LOTTO mit nur 5 Kreuzen**

E_r: «r Kreuze in den 6 richtigen Feldern UND (5−r) Kreuze in den 43 falschen Feldern»

$|E_r| = \binom{6}{r} \cdot \binom{43}{5-r}$ (aus UND wurde MAL) $|\Omega| = \binom{49}{5}$

LAPLACE: $P(E_r) = |E_r|/|\Omega|$

5 LOTTO-Kreuze	Er=«r Richtige»		|Ω|=	1.906.884	
r=	0	1	2	3	4	5
P(Er)=	0,505	0,388	0,097	0,009	3,4E-04	3,1E-06

Lösung | **LOTTO mit nur Quadrat- oder nur Primzahlen**

Unter den 49 möglichen LOTTO-Zahlen gibt es 7 Quadrat- und 15 Primzahlen.

$|A| = \binom{7}{6} = 7$ $|B| = \binom{15}{6} = 5\,005$ $|\Omega| = \binom{49}{6}$.

LAPLACE $\text{Prob}(A) = |A|/|\Omega|$ und $\text{Prob}(B) = |B|/|\Omega|$

|A|	|B|	|Ω|	|A|/|Ω|	|B|/|Ω|
7	5005	13.983.816	5,0E-07	0,00036

Lösung | **Überlebenschance eines Hasen**

Der Jäger muss s-mal daneben schießen:
$Prob(\text{«}der\ Hase\ \text{überlebt»}) = (1-t)^s$

Lösung | **Skat**

Die Anzahl aller möglichen Verteilungen ist
$|\Omega| = \binom{32}{10} \cdot \binom{22}{10} \cdot \binom{12}{10} \approx 2.75 \cdot 10^{15}$

a) Ich erhalte die 4 Buben und von den 28 restlichen 6 weitere zufällig gewählte Karten. Meine beiden Partner erhalten dann von den restlichen 22 je 10 per Zufall und zwei kommen als Reiz auf den Tisch. $Prob(A) = \binom{28}{6} \cdot \binom{22}{10} \cdot \binom{12}{10} / |\Omega|$

b) Jeder der 3 Spieler kann die 4 Buben erhalten
$Prob(B) = 3 \cdot Prob(A)$

c) Man verteilt zuerst die 4 Buben auf die 3 Spieler und den Reiz und dann den Rest

$$Prob(C) = 4! \cdot \binom{28}{9} \cdot \binom{19}{9} \cdot \binom{10}{9} / |\Omega|$$

|Ω|	Prob(A)	Prob(B)	Prob(C)
2,75E+15	0,584%	1,75%	5,6%

Lösung | **Heilungschancen**

Ein klassisches BeEx mit Prob = $Bin_{p;n}$ und p=0.8, n=123.

a) Eine Antwort wäre versuchte Wahrsagerei!
Macht die Stochastik NICHT!

b) $Erw = n \cdot p = 98.4$

c) $Prob(\text{«GENAU } k = 100 \text{ werden geheilt»}) = Bin_{p;n}(k) \approx 8.6\%$

d) $Prob(\text{«MINDESTENS } k = 100 \text{ werden geheilt»}) = BinSum_{p;n}(k) \approx 67.6\%$

Lösung | **2 Schützen**

Mehrmaliges Schießen mit immer gleicher Trefferwahrscheinlichkeit ist ein klassisches BeEx.

Ereignisse $A_k|B_k$: «Schütze A|B trifft bei n Versuchen GENAU k-mal» $P(A_k|B_k) = Bin_{p=a|b;n}(k)$

Abkürzungen: $\bar{a} = 1 - a$ und $\bar{b} = 1 - b$

$$E = \underbrace{A_1 \cap B_1}_{\text{unabhängig}}$$

$$P(E) = P(A_1) \cdot P(B_1) = Bin_{a;n}(1) \cdot Bin_{b;n}(1) = n^2 \cdot a \cdot b \cdot (\bar{a} \cdot \bar{b})^{n-1}$$

$$F = \underbrace{\left(\underbrace{A_0 \cap B_1}_{unabhängig}\right) \sqcup \left(\underbrace{A_1 \cap B_0}_{unabhängig}\right)}_{disjunkt} \quad P(F) = P(A_0) \cdot P(B_1) + P(A_1) \cdot P(B_0)$$

$$\begin{aligned} P(F) &= Bin_{a;n}(0) \cdot Bin_{b;n}(1) + Bin_{a;n}(1) \cdot Bin_{b;n}(0) \\ &= \bar{a}^n \cdot n \cdot b \cdot \bar{b}^{n-1} + n \cdot a \cdot \bar{a}^{n-1} \cdot \bar{b}^n = \cdots \\ &= n \cdot (\bar{a} \cdot \bar{b})^{n-1} \cdot (a + b - 2ab) \end{aligned}$$

$$G = \underbrace{A_0 \cap B_0}_{\text{unabhängig}} \quad P(G) = P(A_0) \cdot P(B_0) \ = \bar{a}^n \cdot \bar{b}^n.$$

Lösung | **Kneipenbesuch**

Ereignis A_i: «man geht in die Kneipe A,B oder C» $P(A_i) = \frac{1}{3}$

Ereignis T: «man trifft IHN» $P_{A_i}(T) = \frac{3}{7}; \frac{2}{7}; \frac{1}{7}$

a) der „Montag" ist belanglos.

$\mathrm{P}(\mathrm{A_i} \cap \mathrm{T}) = \mathrm{P}(\mathrm{A_i}) \cdot \mathrm{P_{A_i}}(\mathrm{T}) = \frac{3}{21}; \frac{2}{21}; \frac{1}{21}$

b) $\mathrm{T} = (\mathrm{A_1} \cap \mathrm{T}) \sqcup (\mathrm{A_2} \cap \mathrm{T}) \sqcup (\mathrm{A_3} \cap \mathrm{T})$
$\Rightarrow \ \mathrm{P}(\mathrm{T}) = \sum_i \{\mathrm{P}(\mathrm{A_i}) \cdot \mathrm{P_{A_i}}(\mathrm{T})\} = \frac{6}{21} = \frac{2}{7}$ (total)
BAYES: $\mathrm{P_T}(\mathrm{A_2}) = \mathrm{P}(\mathrm{A_2}) \cdot \mathrm{P_{A_2}}(\mathrm{T})/\mathrm{P}(\mathrm{T}) = \frac{1}{3} \cdot \frac{2}{7} / \frac{2}{7} = \frac{1}{3}$
analog $\mathrm{P_T}(\mathrm{A_1}) = \frac{1}{2}$ und $\mathrm{P_T}(\mathrm{A_3}) = \frac{1}{6}$.

Lösung | **Glühbirnen**

Ohne Zurücklegen sind die Defekten in der n-Stichprobe Hyp-verteilt, mit N=100, K=7, n=5.

a) $P(\text{«}genau\ k = 3\ Defekte\text{»}) = Hyp_{N;K;n}(k = 3) \approx 0{,}20\%$

b) $P(\text{«}keine\ Defekte\text{»}) = Hyp_{N;K;n}(0) \approx 69{,}03\%$

c) $P(\text{«}mindestens\ eine\ Defekte\text{»})$

$= 1 - P(\text{«}keine\ Defekte\text{»}) = 1 - Hyp_{N;K;n}(0) \approx 30{,}97\%$

d) $P(\text{«}höchstens\ k = 3\ Defekte\text{»}) = HypSum_{N;K;n}(k = \quad 3) \approx 99{,}996\%$

Lös: Wahlverhalten

Die drei %-Angaben der 2-ten Zeile sind Bevölkerungsanteile
$P(B_{1,2,3}) = P(Junior, Erwachsener, Senior) = 27\%; 45\%; 28\%$

Die weiteren zwölf %-Angaben sind bedingte Wahrscheinlichkeiten
$P_{B_i}(A_k)$ mit
$A_{1,2,3,4} = Partei\ A, B, C, X.$ z.B. $P_{B_1}(A_2) = 33\%$

a) Der Stimmenanteil jeder Partei A setzt sich aus den 3 Bevölkerungsanteilen zur *totalen Wahrscheinlichkeit* zusammen
$P(A_k) = \sum_i\{P(B_i \cap A_k)\} = \sum_i\{P(B_i) \cdot P_{B_i}(A_k)\}$ =29.5%; 35.3%; 16.7%; 18.5%

b) Der Befragte gibt seine Sympathie A_k preis, wodurch diese zur Bedingung wird.
Die U∩D-Verknüpfung ist kommutativ

$$P(A \cap B) = P(A) \cdot P_A(B) \underbrace{=}_{A \leftrightarrow B} P(B \cap A) = P(B) \cdot P_B(A)$$

$$\Rightarrow P_{A_k}(B_i) = \underbrace{P(B_i) \cdot P_{B_i}(A_k)}_{gegeben} / \underbrace{P(A_k)}_{total}$$

gegeben				a)				b)		
	Bevölk-Gruppe Bi			Bi			total	Bi		
1	27%	45%	28%	PBi(Ak)			P(Ak)	PAk(Bi)		
Partei Ak	22%	25%	44%	5,9%	11,3%	12,3%	29,5%	5,4%	17,2%	11,7%
	33%	45%	22%	8,9%	20,3%	6,2%	35,3%	6,8%	25,8%	4,9%
	11%	15%	25%	3,0%	6,8%	7,0%	16,7%	4,8%	18,2%	11,7%
	34%	15%	9%	9,2%	6,8%	2,5%	18,5%	13,4%	16,5%	3,8%
	1	1	1				100%			

Lösung | **Erweiterung von 2 auf 3**

$$P\left(A \cup \underbrace{B \cup C}_{D}\right) = P(A \cup D) = P(A) + P(D) - P(A \cap D)$$

$$= P(A) + P(B \cup C) - P\left(\underbrace{A \cap (B \cup C)}_{\underbrace{(A \cap B)}_{U} \cup \underbrace{(A \cap C)}_{V}}\right)$$

$$= P(A) + P(B) + P(C) - P(B \cap C) - P(U) - P(V) + P\left(\underbrace{U \cap V}_{A \cap B \cap C}\right)$$

$$= P(A) + P(B) + P(C) - P(B \cap C) - P(A \cap B) - P(A \cap C)$$
$$+P(A \cap B \cap C)$$

$$P\left(\underbrace{A \cap B}_{D} \cap C\right) = P(D) \cdot P_D(C) = P(A \cap B) \cdot P_{A \cap B}(C)$$

$$= P(A) \cdot P_A(B) \cdot P_{A \cap B}(C)$$

‼ Lösungen zu ZuZa

Einige der folgenden Aufgaben könnte man mit *relativen Häufigkeiten* lösen. Ich benütze immer gleich *Wahrscheinlichkeiten* und wie so oft die Abkürzung: $P(k) \equiv Prob(Z = k)$.

Lösung | **Münze & Würfel**

Jeweils ein klassisches BeEx mit n=5; k=0, 1, ..., n;

Z=M|W=„Anzahl Kopf" | „Anzahl ⚅"

$P(k) \equiv Prob(Z = k) = Bin_{p;n}(k)$ und

$F(k) \equiv Prob(Z \leq k) = BinSum_{p;n}(k) := \sum_{i=0}^{k}\{Bin_{p;n}(i)\}$

Münze		p=1/2
k	P(k)	F(k)
0	0,031	0,031
1	0,156	0,188
2	0,313	0,500
3	0,313	0,813
4	0,156	0,969
5	0,031	1,000

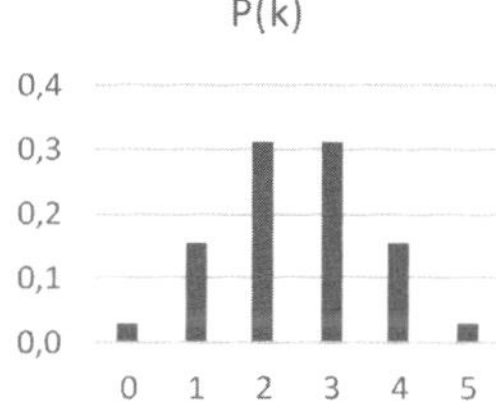

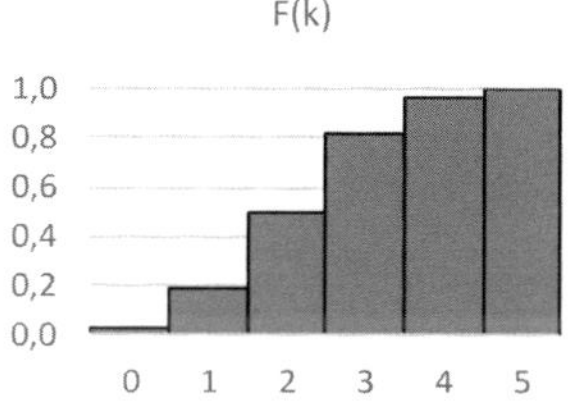

Würfel		p=1/6
k	P(k)	F(k)
0	0,402	0,402
1	0,402	0,804
2	0,161	0,965
3	0,032	0,997
4	0,003	1,000
5	1E-04	1,000

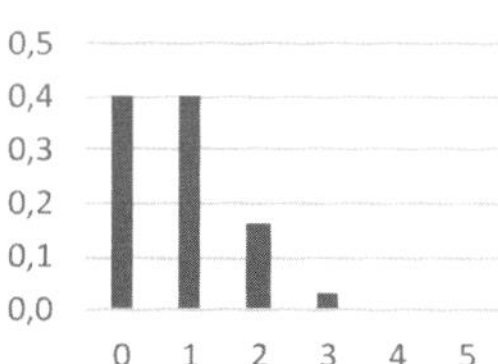

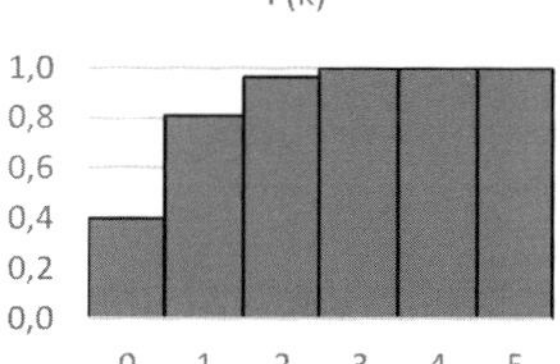

Lösung | **PrimFakt**

Die Verteilung einer diskreten ZuZa Z wird beschrieben durch

$P(k) \equiv Prob(Z = k))$ und

$F(k) \equiv Prob(Z \leq k)) \equiv ProbSum(k) = \sum_{i \leq k}\{P(i)\}$

k=Anzahl PrimFakt		n=abs.Häufigkeit		
Zahlen 10...20	k	n	P=n/∑n	F=∑P
11,13,17,19	1	4	0,364	0,364
10,14,15	2	3	0,273	0,636
12,18,20	3	3	0,273	0,909
16	4	1	0,091	1,000
∑=		11	1	

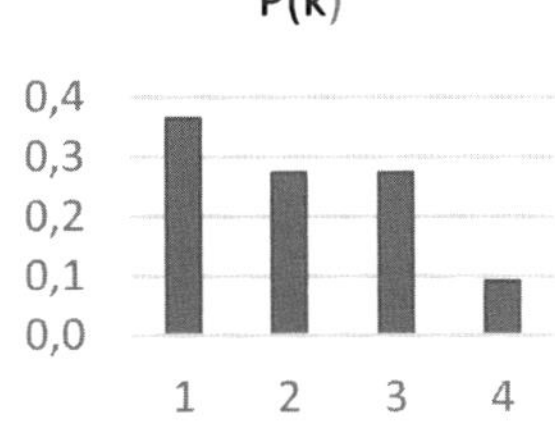

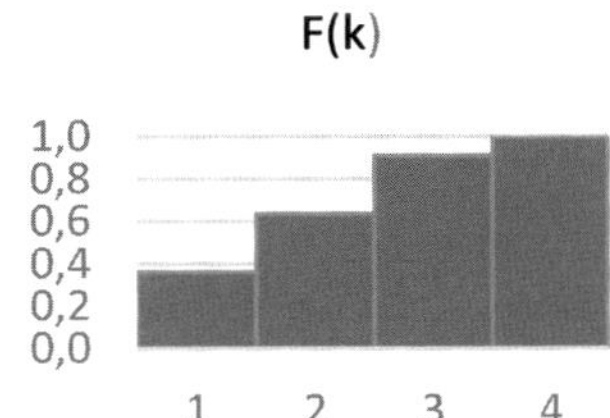

Lösung | **StetigeVerteilung**

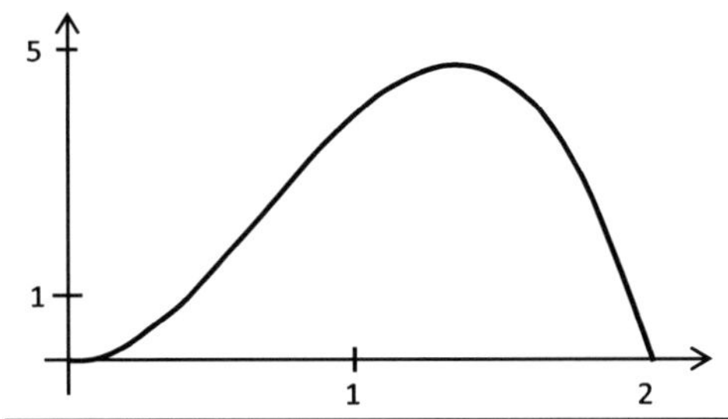

a) $g_{4;2}(x) = 4 \cdot x^2 \cdot (2 - x)$

b) Normierung: $1 \triangleq \int_0^b \{g_{a;b}(x) \cdot dx\} = a \cdot \left[b \cdot \frac{x^3}{3} - \frac{x^4}{4}\right]_0^b = \frac{a \cdot b^4}{12}$

$\Rightarrow \; a \cdot b^4 = 12$

c) VerteilungsFunktion: $F(x) = \int_0^x \{f(t) \cdot dt\} = a \cdot \left(b \cdot \frac{x^3}{3} - \frac{x^4}{4}\right)$

d) $Prob(0.5 \leq Z \leq 1.5) = F\left(\frac{3}{2}\right) - F\left(\frac{1}{2}\right) = \cdots = a \cdot \left(\frac{13}{12} \cdot b - \frac{5}{4}\right)$

e) $Erw(Z) = \int_0^b \{x \cdot f(x) \cdot dx\} = a \cdot \left[b \cdot \frac{x^4}{4} - \frac{x^5}{5}\right]_0^b = \frac{a \cdot b^5}{20} = \frac{12}{20} b$

$= \frac{3}{5}b$

$Var(Z) = Erw(Z^2) - Erw(Z)^2$

$Erw(Z^2) = \int_0^b \{x^2 \cdot f(x) \cdot dx\} = a \cdot \left[b \cdot \frac{x^5}{5} - \frac{x^6}{6}\right]_0^b$

$= \frac{a \cdot b^6}{30} = \frac{12}{30}b^2 = \frac{2}{5}b^2$

‼ Lösungen zu Erw

Lösung | **Eintritt würfeln**

a) Die ZuZa Z = Augenzahl ∈ {1, 2, ..., 6} hat den $Erw(Z) = \sum_{i=1}^{6}\left[i \cdot \underbrace{P(i)}_{1/6}\right] = \frac{1}{6} \cdot \sum_{i=1}^{6}[i] = 3.5$, also würde ich 3 € bezahlen.

b) $Erw(«Eintritt\ pro\ Besucher») = 3.5 \cdot 0.6 + 3 \cdot 0.4 = 3.3$ €.

Lösung | **LOTTO-MinMax**

Für alle LOTTO-Ergebnisse gibt es $|\Omega| = \binom{49}{6}$ Möglichkeiten.

a) X kann die Werte k=1; 2; ...; 44 annehmen.

Für die die restlichen 5 größeren LOTTO-Zahlen gibt es $m_x(k) = \binom{49-k}{5}$ Möglichkeiten.
Y kann die Werte k=6; 7; ...; 49 annehmen. Für die restlichen 5 kleineren LOTTO-Zahlen gibt es $m_y(k) = \binom{k-1}{5}$ Möglichkeiten.
Mit LAPLACE ist die jeweilige Verteilung $Prob(X|Y = k) \equiv P_{x|y}(k) = m_{x|y}(k)/|\Omega|$

b) $Erw(X) = \sum_{k=1}^{44}\{k \cdot P_x(k)\}$ $\quad Erw(Y) = \sum_{k=6}^{49}\{k \cdot P_y(k)\}$

Die Summen werden numerisch in einer EXCEL-Tabelle mit 44 Zeilen (=Summanden) ermittelt

|Ω|=	13.983.816		
k	k*mx(k)	k	k*my(k)
1	1.712.304	6	6
2	3.067.878	7	42
43	258	48	73.629.072
44	44	49	83.902.896
	7,143		**42,857**

Die Zeilen 3 … 42 sind ausgeblendet

Lösung | **3-Würfelspiel** (viel zu umfangreich für eine Klausur)

Bei 3 Würfeln gibt es 16 mögliche Augensummen k=3, 4, …, 18.

3WürfelSpiel mit Z=AugenSumme						a/e=	2 3	a/e=	1,5 2
i	k	«Z=k»	ni	P(k)	p|q	a/e	a/e*P	a/e	a/e*P
1	3	|1+1+1|	1	0,0046	p	2	0,009	1,5	0,007
2	4	|1+1+2|…	3	0,0139	q	3	0,042	2	0,028
3	5	|1+1+3|…	6	0,0278	p	2	0,056	1,5	0,042
4	6	|1+1+4|…	10	0,0463		0	0,000	0	0,000
5	7	|1+1+5|…	15	0,0694	p	2	0,139	1,5	0,104
6	8	|1+1+6|…	21	0,0972		0	0,000	0	0,000
7	9	|1+2+6|…	25	0,1157	q	3	0,347	2	0,231
8	10	|1+3+6|…	27	0,125		0	0,000	0	0,000
9	11	|1+4+6|…	27	0,125	p	2	0,250	1,5	0,188
10	12	|1+5+6|…	25	0,1157		0	0,000	0	0,000
11	13	|1+6+6|…	21	0,0972	p	2	0,194	1,5	0,146
12	14	|2+6+6|…	15	0,0694		0	0,000	0	0,000
13	15	|3+6+6|…	10	0,0463		0	0,000	0	0,000
14	16	|4+6+6|…	6	0,0278	q	3	0,083	2	0,056
15	17	|5+6+6|…	3	0,0139	p	2	0,028	1,5	0,021
16	18	|6+6+6|	1	0,0046		0	0,000	0	0,000
		∑=	216	1			**1,148**		**0,822**

Wie die absoluten Häufigkeiten n_i zustande kommen, soll am Bsp k=9 erklärt werden:

$$|\underbrace{1+2+6}_{3!}|\underbrace{1+3+5}_{3!}|\underbrace{1+4+4}_{3}|\underbrace{2+2+5}_{3}|\underbrace{2+3+4}_{3!}|\underbrace{3+3+3}_{1}| \rightarrow \left|\underbrace{Z=9}_{25}\right|$$

Alle absoluten Häufigkeiten haben die Summe $\sum_i\{n_i\} = 216 = 6^3$.

Die Gewinnerwartung eines Spielers ist

$$\frac{Auszahlung}{Einlage} = \sum\nolimits_{alle\ k}\left[\left(\frac{a}{e}\right)_k \cdot \underbrace{Prob(Z = k)}_{P(k)}\right].$$

In den Spalten a/e ist das Verhältnis Aus-/Einzahlung abhängig von p/q=Prim-/Quadratzahl tabelliert. Bei p=2; q=3 ist der Erw(a/e)=1.148 und der Spielbetreiber geht bankrott, da er ca. 15% mehr ausbezahlen muss als er einnimmt. Bei p=1.5; q=2 ist der Erw(a/e)=0.822 und der Spielbetreiber ist glücklich, da er nur ca. 82% seiner Einnahmen ausbezahlen muss.

‼ Lösungen zu Tests

Lösung | **Partei**

Es handelt sich um einen zweiseitigen Signifikanztest. Es wird mit $\alpha_{links,rechts}$=1% und 2% gerechnet.

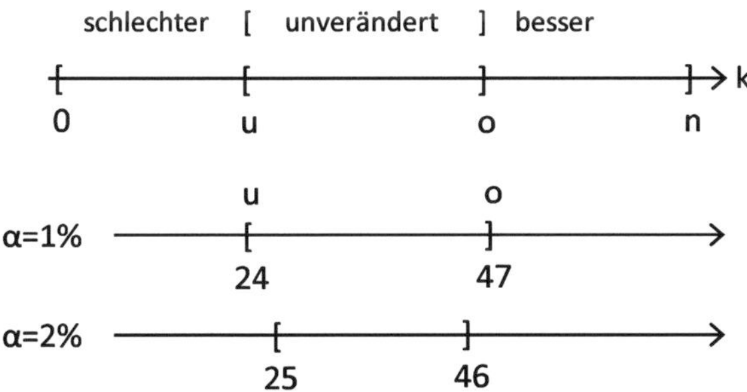

Signifikanz-Test links				k	IW	=BINOM.VERT(k;n;p0;1)
p0=	0,35	n=	100	22	0,3%	
α	u	IW		23	0,7%	
1%	24	0,66%		**24**	**1,2%**	u=BINOM.INV(n;p0;α)
2%	25	1,21%		25	2,1%	IW=BINOM.VERT(u-1;n;p0;1)

Signifikanz-Test rechts				k	IW	=1-BINOM.VERT(k-1;n;p0;1)
p0=	0,35	n=	100	45	2,5%	
α	o	IW		46	1,5%	
1%	47	0,88%		**47**	**0,9%**	o=1+BINOM.INV(n;p0;1-α)
2%	46	1,50%		48	0,5%	IW=1-BINOM.VERT(o-1;n;p0;1)

Herleitungen

Die STEINER-Vereinfachung

Bei der folgenden Herleitung wird *Prob(Z=z)* vorübergehend mit *P(z)* abgekürzt. Die Herleitung wird nur für eine diskrete ZuZa durchgeführt. Bei einer stetigen ZuZa sind die Summen durch Integrale zu ersetzen.

$$Var(Z) \equiv \sigma^2 = Erw((Z-\mu)^2) = \sum_i \{(z_i-\mu)^2 \cdot P(z_i)\}$$
$$= \sum_i \{(z_i^2 - 2\cdot\mu\cdot z_i + \mu^2)\cdot P(z_i)\}$$
$$= \underbrace{\sum_i \{z_i^2 \cdot P(z_i)\}}_{Erw(Z^2)} - 2\cdot\mu\cdot \underbrace{\sum_i \{z_i \cdot P(z_i)\}}_{\mu} + \mu^2 \cdot \underbrace{\sum_i P(z_i)}_{1} \;=\; Erw(Z^2) - \mu^2$$

Sehr einprägsam ist die Kurzform: $Erw(Z^2) = \mu^2 + \sigma^2$

Die Berechnung von $Var = (\sum z^2) - \mu^2$ ist mit einem TR wesentlich einfacher als $Var = \sum(z-\mu)^2$. Bei EXCEL macht es fast keinen Unterschied.

Die BERNOULLI-Formel

Ich werde mehrfach die allgemeinen Grundformeln für Wahrscheinlichkeiten benützen:

$Prob(A \cup B) = Prob(A) + Prob(B) - Prob(A \cap B)$

$Prob(A \cap B) = Prob(A) \cdot Prob_A(B)$

Oft sind Ereignisse *disjunkt*, dann ist $Prob(A \cap B) = Prob(\emptyset) = 0$.

Oft sind Ereignisse *unabhängig*, dann fällt bei U∩D die Bedingung weg.

Ich kürze in der folgenden Herleitung vorübergehend Prob() durch P() ab.

Wenn ein Erfolg E die Wahrscheinlichkeit
$P(E) = p$ hat,
dann hat ein Misserfolg $\bar{E}$ die Wahrscheinlichkeit
$P(\bar{E}) = 1 - p \equiv q$.

Bei zwei Versuchen ist die Wahrscheinlichkeit für zwei Erfolge p·p, für zwei Misserfolge q·q und für einen Erfolg und einen Misserfolg 2·p·q. Der Faktor 2 kommt daher, dass es Erfolg und Misserfolg als E Ē oder Ē E geben kann.

$$P\big((E \cap \bar{E}) \cup (\bar{E} \cap E)\big) = P(E \cap \bar{E}) + P(\bar{E} \cap E)$$
$$= P(E) \cdot P(\bar{E}) + P(\bar{E}) \cdot P(E) = p \cdot q + q \cdot p$$

Wenn es bei n Wiederholungen genau k Erfolge gibt, dann gibt es auch genau (n–k) Misserfolge.

Ich betrachte jetzt das spezielle Ereignis A_1, bei dem alle k Erfolge E bei <u>den ersten</u> k Versuchen und alle (n–k) Misserfolge Ē bei <u>den restlichen</u> (n–k) Versuchen eintreten.

$$A_1 = \underbrace{E \cap E \cap \ldots \cap E}_{k} \cap \underbrace{\bar{E} \cap \bar{E} \cap \ldots \cap \bar{E}}_{n-k}$$

Dieses Ereignis hat die Wahrscheinlichkeit

$$P(A_1) = \underbrace{P(E) \cdot P(E) \cdot \ldots \cdot P(E)}_{k} \cdot \underbrace{P(\bar{E}) \cdot P(\bar{E}) \cdot \ldots \cdot P(\bar{E})}_{n-k} = p^k \cdot q^{n-k}$$

Von diesem Ereignisse A_1 gibt es nun viele verschiedene Varianten. Wenn man k Querstriche beliebig auf n Ereignisse setzen kann, dann heißt dies: man muss von n Elementen k auswählen. Die Kombinatorik sagt, dass es dafür

$$m = \binom{n}{k} = \frac{n!}{k! \cdot (n-k)!}$$

Möglichkeiten gibt. Die BERNOULLI-Wahrscheinlichkeit ist dann

$$Bin = P(A_1 \cup A_2 \cup \ldots \cup A_m) = P(A_1) + P(A_2) + \cdots + P(A_m)\,,$$
$$\text{wobei } A_i \cap A_k = \emptyset.$$

Dabei sind alle Ereignisse A_i gleich wahrscheinlich und es folgt:

$$Bin = m \cdot P(A_1) = \binom{n}{k} \cdot p^k \cdot q^{n-k}$$

Womit die epochale BERNOULLI-Formel bewiesen ist.

Erw und Var der Bin-Verteilung

Die Bin-Verteilung der Stochastik hängt mit der allgemeinen Bin-Formel zusammen

$$\underbrace{(p+q)^n = \sum_k \left\{\binom{n}{k} \cdot p^k \cdot q^{n-k}\right\}}_{allgemeine\ Bin-Formel} \xrightarrow[q=1-p]{}$$

$$1 = \sum_k \left\{ \underbrace{\binom{n}{k} \cdot p^k \cdot (1-p)^{n-k}}_{Bin_{p;n}(k)} \right\}$$

Ich betrachte vorübergehend das p als stetige Funktionsvariable und leite beide Seiten der allgemeinen Bin-Formel nach p ab (die Logik u=v ⇒ u'=v' sollte kein Problem sein)

$$n \cdot (p+q)^{n-1} = \sum_k \left\{\binom{n}{k} \cdot k \cdot p^{k-1} \cdot q^{n-k}\right\}$$

Nach einer Multiplikation mit p folgt

$$n \cdot p \cdot (p+q)^{n-1} = \sum_k \left\{\binom{n}{k} \cdot k \cdot p^k \cdot q^{n-k}\right\}$$

$$\xrightarrow[q=1-p]{} \boldsymbol{n \cdot p} = \sum_k \{k \cdot Bin(k)\} = \boldsymbol{\mu_{Bin}}$$

Ich lasse hier bei Bin die immer gleichen Parameter p;n weg.

Die binomische Formel wird nochmals nach p abgeleitet:

$$n \cdot (n-1) \cdot (p+q)^{n-2} = \sum_k \left\{\binom{n}{k} \cdot k \cdot (k-1) \cdot p^{k-2} \cdot q^{n-k}\right\}$$

Mit p^2 wird multipliziert:

$$n \cdot (n-1) \cdot p^2 \cdot (p+q)^{n-2} = \sum_k \left\{k \cdot (k-1) \cdot \binom{n}{k} \cdot p^k \cdot q^{n-k}\right\}$$

Es wird ausmultipliziert und die Summe rechts wird zerlegt:

$$(n^2 - n) \cdot p^2 \cdot (p+q)^{n-2}$$
$$= \sum_k \left\{k^2 \cdot \binom{n}{k} \cdot p^k \cdot q^{n-k}\right\} - \sum_k \left\{k \cdot \binom{n}{k} \cdot p^k \cdot q^{n-k}\right\}$$

Mit q=1−p wird

$$\Big(\underbrace{n \cdot p}_{\mu}\Big)^2 - \underbrace{n \cdot p^2}_{p \cdot \mu} = \underbrace{\sum_k \{k^2 \cdot Bin(k)\}}_{Erw(k^2) = \mu^2 + \sigma^2} - \underbrace{\sum_k \{k \cdot Bin(k)\}}_{\mu}$$

$$\Rightarrow \mu^2 - \mu \cdot p = \mu^2 + \sigma^2 - \mu$$

und es folgt

$$\boldsymbol{\sigma^2_{Bin} = n \cdot p \cdot (1-p)}$$

Das Maximum der Bin-Funktion

Zunächst sei die k-Rekursion gezeigt:

$$\frac{\text{Bin(k + 1)}}{\text{Bin(k)}} = \frac{\binom{n}{k+1} \cdot p^{k+1} \cdot q^{n-k-1}}{\binom{n}{k} \cdot p^k \cdot q^{n-k}} = \frac{n!}{(k+1)! \cdot (n-k-1)!} \cdot \frac{k! \cdot (n-k)!}{n!} \cdot \frac{p}{q}$$

$$= \frac{n-k}{k+1} \cdot \frac{p}{q}$$

Links/rechts von ihrem Maximum $\hat{k}$ wächst/fällt die Bin-Funktion streng monoton.

links ist $k \leq \hat{k}$	rechts ist $k \geq \hat{k}$
$Bin(k+1) > Bin(k)$	$Bin(k+1) < Bin(k)$
die folgenden Umformungen sind für beide Seiten gleich	
$> \rightarrow \#$	$< \rightarrow \#$
$Bin(k+1) \# Bin(k)$	
mit der k-Rekursion	
$\frac{Bin(k+1)}{Bin(k)} = \frac{n-k}{k+1} \cdot \frac{p}{q} \# 1$	
$(n-k) \cdot p \# (k+1) \cdot q$	
$n \cdot p \# k \cdot \underbrace{(p+q)}_{1} + q$	
$n \cdot p - k \# q$	
$\# \rightarrow >$	$\# \rightarrow <$
$n \cdot p - k > q > -1$	$n \cdot p - k < q < 1$
dies kann für $k \rightarrow \hat{k}$ zusammengefasst werden	
$-1 < n \cdot p - \hat{k} < 1$	
$\lvert n \cdot p - \hat{k} \rvert < 1$	

Bei der Bin-Verteilung liegen also der $Erw_{Bin} = n \cdot p$ und ihr Maximum $\hat{k}$ um weniger als 1 auseinander.

Erw und Var von Y = a·X + b

Ich beweise die Formel für Var(Y=a·X+b), wobei ich die Formel für den Erw

$$Erw(Y) = a \cdot Erw(X) + b$$

als gegeben voraussetze.

$$\mathrm{Var(Y)} = \mu_y \longrightarrow \text{(Steiner)} = Erw(Y^2) - \big(Erw(Y)\big)^2$$
$$= Erw(a^2 \cdot X^2 + 2ab \cdot X + b^2) - (a \cdot Erw(X) + b)^2$$
$$= \mathrm{a}^2 \cdot \mathrm{Erw(X^2)} + 2\mathrm{ab} \cdot \mu_x + \mathrm{b}^2 - \mathrm{a}^2 \cdot \mu_x^2 - 2\mathrm{ab} \cdot \mu_x - \mathrm{b}^2$$
$$= \mathrm{a}^2 \cdot \Bigg(\underbrace{\mathrm{Erw(X^2)} - \mu_x^2}_{Var(X)} \Bigg) \longrightarrow \text{(Steiner)} = \mathrm{a}^2 \cdot \mathrm{Var(X)} \quad \text{q.e.d.}$$

Der Erw und Var der Exp-Verteilung

Die stetige Exp-Verteilung hat die Wahrscheinlichkeitsdichte:

$$f(t) = Exp(t) = a \cdot exp(-at) \quad \text{mit} \quad t \in [0 \dots \infty)$$

Der *Erw* ist

$$Erw_{Exp} \equiv \mu = a \cdot \int_0^\infty t \cdot exp(-at) \cdot dt \rightarrow (s.o.)$$
$$= -\frac{1}{a} \cdot \left[\frac{at+1}{exp(at)}\right]_0^\infty = -\frac{1}{a} \cdot \Bigg(\underbrace{\frac{\infty}{\infty}}_{0} - 1 \Bigg) = \frac{1}{a}$$

Die Var ist

$$Var_{Exp} \equiv \sigma^2 = a \cdot \int_0^\infty (t-\mu)^2 \cdot exp(-at) \cdot dt$$
$$\rightarrow (Steiner) = a \cdot \int_0^\infty t^2 \cdot exp(-at) \cdot dt - \mu^2$$
$$\rightarrow (s.o.) = -\frac{1}{a^2} \cdot \left[\frac{a^2t^2+2at+2}{exp(at)}\right]_0^\infty - \mu^2 = \frac{2}{a^2} - \frac{1}{a^2} = \frac{1}{a^2} = \mu^2$$

Herleitung der POISSON-Formel

Die folgenden Herleitungen benützen zwei grundlegende Formeln der exp-Funktion:

$$exp(x) \equiv e^x = \lim_{n\to\infty}\left(1+\frac{x}{n}\right)^n = \sum_{k=0}^{\infty}\left\{\frac{x^k}{k!}\right\}$$

mit der irrationalen EULER-Zahl e = exp(1) ≈ 2.7182818... sowie den Erw der Bin-Verteilung

$$Erw_{Bin} \equiv \mu_{Bin} = p \cdot n$$

Es wird nun folgender Grenzwert gebildet:

$$Bin_{p;n}(k) \xrightarrow[n\to\infty;p\to 0;0<n\cdot p=\mu<\infty]{} Poi_\mu(k)$$

$$Bin_{p;n}(k) = \frac{n!}{k!\cdot(n-k)!}\cdot p^k\cdot(1-p)^{n-k} \rightarrow \left(p=\frac{\mu}{n}\right)$$

$$= \frac{n\cdot(n-1)\cdot\ldots\cdot(n-(k-1))}{k!}\cdot\left(\frac{\mu}{n}\right)^k\cdot\left(1-\frac{\mu}{n}\right)^{n-k}$$

$$= \frac{n}{n}\cdot\frac{n-1}{n}\cdot\ldots\cdot\frac{n-k+1}{n}\cdot\frac{\mu^k}{k!}\cdot\left(1-\frac{\mu}{n}\right)^n\cdot\left(1-\frac{\mu}{n}\right)^{-k}$$

$$\xrightarrow[n\to\infty]{} = \underbrace{1\cdot\left(1-\frac{1}{n}\right)\cdot\ldots\cdot\left(1-\frac{k-1}{n}\right)}_{\to 1}\cdot\frac{\mu^k}{k!}\cdot\underbrace{\left(1-\frac{\mu}{n}\right)^n}_{\to e^{-\mu}}\cdot$$

$$\underbrace{\left(1-\frac{\mu}{n}\right)^{-k}}_{\to 1} \xrightarrow[n\to\infty]{} e^{-\mu}\cdot\frac{\mu^k}{k!} =: Poi_\mu(k)$$

Poi(k) ist eine Verteilung mit einer unendlichen Def-Menge $k\in\mathbb{N}_0=\{0, 1, 2, \ldots\}$ und nur einem Parameter μ. Poi(k) ist eine Wahrscheinlichkeit und muss **normiert** sein.

$$\sum_{k=0}^{\infty} Poi(k) = e^{-\mu}\cdot\underbrace{\sum_{k=0}^{\infty}\frac{\mu^k}{k!}}_{e^\mu} = 1$$

Erw und Var von Poi

$$Erw_{Poi} = \sum_{k=0}^{\infty}\{k\cdot Poi(k)\} = e^{-\mu}\cdot\sum_{k=0}^{\infty}\left\{k\cdot\frac{\mu^k}{k!}\right\}$$

$$= e^{-\mu}\cdot\sum_{k=1}^{\infty}\left\{\frac{\mu^k}{(k-1)!}\right\}$$

$$= e^{-\mu}\cdot\mu\cdot\sum_{k=1}^{\infty}\left\{\frac{\mu^{k-1}}{(k-1)!}\right\} = \mu\cdot e^{-\mu}\cdot\underbrace{\sum_{n=0}^{\infty}\frac{\mu^n}{n!}}_{e^\mu} = \mu$$

$$Var_{Poi} = \sum_{k=0}^{\infty}\{(k-\mu)^2\cdot Poi(k)\} = \text{(Steiner)}$$
$$= \sum_{k=0}^{\infty}\{k^2\cdot Poi(k)\} - \mu^2$$

$$= e^{-\mu} \cdot \sum_{k=0}^{\infty} \left\{ k^2 \cdot \frac{\mu^k}{k!} \right\} - \mu^2 \ = \ e^{-\mu} \cdot \sum_{k=1}^{\infty} \left\{ k \cdot \frac{\mu^k}{(k-1)!} \right\} - \mu^2$$

$$= e^{-\mu} \cdot \sum_{k=1}^{\infty} \left\{ \left(\frac{k-1}{(k-1)!} + \frac{1}{(k-1)!} \right) \cdot \mu^k \right\} - \mu^2$$

$$= e^{-\mu} \cdot \sum_{k=2}^{\infty} \left\{ \frac{\mu^k}{(k-2)!} \right\} + e^{-\mu} \cdot \sum_{k=1}^{\infty} \left\{ \frac{\mu^k}{(k-1)!} \right\} - \mu^2$$

$$= e^{-\mu} \cdot \mu^2 \cdot \underbrace{\sum_{k=2}^{\infty} \left\{ \frac{\mu^{(k-2)}}{(k-2)!} \right\}}_{e^{\mu}} + e^{-\mu} \cdot \mu \cdot \underbrace{\sum_{k=1}^{\infty} \left\{ \frac{\mu^{(k-1)}}{(k-1)!} \right\}}_{e^{\mu}} - \mu^2 \ = \ \mu$$

Bei der POISSON-Verteilung $Poi_\mu(k)$ sind Erw = Var = μ.

Var(X+Y) und *Kovarianz*

Ich benütze vorübergehend die Abkürzungen $Erw(\ \ ) \to E(\ \ )$ und $Var(\ \ ) \to V(\ \ )$.

Ich setze $E(X+Y) = E(X) + E(Y)$ voraus und wende $V(Z) = E(Z^2) - E(Z)^2$ auf $Z = X + Y$ an.

$$V(X+Y) = E\big((X+Y)^2\big) - E(X+Y)^2$$

$$= E(X^2 + 2 \cdot X \cdot Y + Y^2) - (E(X)^2 + 2 \cdot E(X) \cdot E(Y) + E(Y)^2)$$

$$= \underbrace{E(X^2) - E(X)^2}_{V(X)} + \underbrace{E(Y^2) - E(Y)^2}_{V(Y)} + 2 \cdot \left(\underbrace{E(X \cdot Y) - E(X) \cdot E(Y)}_{Kov(X,Y)} \right)$$

Die Erwartungstreue der Stichprobenvarianz

Es geht darum, in der Stichprobenvarianz die m*erkwürdige* Division mit (n-1) zu erklären.

$$s^2 = \frac{1}{n-1} \cdot \sum_{i=1}^{n} (z_i - \bar{z})^2$$

Das *Bauchgefühl* würde eine Division mit n wie beim Mittelwert erwarten.

$$b = \frac{1}{n} \cdot \sum_{i=1}^{n} (z_i - \bar{z})^2 = \frac{n-1}{n} \cdot s^2$$

Ich verwende den Erw μ und die Var σ^2 der Grundgesamtheit. Die Strichprobenwerte in b werden um μ nach rechts verschoben. Eine solche Verschiebung beeinflusst die Streuung NICHT!

$$n \cdot b = \sum (z_i - \bar{z})^2 \underset{\to\mu}{\to} \sum\{((z_i - \mu) - (\bar{z} - \mu))^2\}$$
$$= \sum \{(z_i - \mu)^2 - 2 \cdot (z_i - \mu) \cdot (\bar{z} - \mu) + (\bar{z} - \mu)^2\}$$
$$= \sum(z_i - \mu)^2 \; - 2 \cdot (\bar{z} - \mu) \cdot \underbrace{\sum\{z_i - \mu\}}_{n\cdot(\bar{z}-\mu)} + (\bar{z} - \mu)^2 \cdot \underbrace{\sum 1}_{n}$$
$$= \sum(z_i - \mu)^2 - n \cdot (\bar{z} - \mu)^2$$

Ich lasse (schreibfaul) die immer gleichen Grenzen i=1, 2, ..., n bei den Summen weg.

$$\mathrm{Erw}(b) = \mathrm{Erw}\left(\frac{1}{n} \cdot \sum(z_i - \mu)^2\right) - \underbrace{\mathrm{Erw}((\bar{z} - \mu)^2)}_{Var(\bar{z})}$$
$$= \frac{1}{n} \cdot \sum\left\{\underbrace{\mathrm{Erw}((z_i - \mu)^2)}_{\sigma_i^2}\right\} - \mathrm{Var}(\bar{z})$$

Im Abschnitt → *Mehrere Zufallszahlen* wurde begründet, dass $\sum\{\sigma_i^2\} = n \cdot \sigma^2$ und $\mathrm{Var}(\bar{z}) = \frac{\sigma^2}{n}$. Also folgt $\mathrm{Erw}(b) = \sigma^2 - \frac{\sigma^2}{n} = \left(1 - \frac{1}{n}\right) \cdot \sigma^2 = \frac{n-1}{n} \cdot \sigma^2$

Damit ist $\mathrm{Erw}(b) = \frac{n-1}{n} \cdot \sigma^2 \neq \sigma^2$ aber
$\mathrm{Erw}(s^2) = \mathrm{Erw}\left(\frac{n}{n-1} \cdot b\right) = \sigma^2 \Rightarrow$ **s ist erwartungstreu.**

Der Unterschied mit dem Faktor $n/(n-1)$ ist für große n sehr gering.

Tabellen

Viele Studenten werden in Klausuren gezwungen, numerische Werte *Tabellen* zu entnehmen, weil ihr schlichter TR nicht über die entsprechende Stochastikfunktion verfügt. Ich füge daher einige Techniken zum Umgang mit Tabellen hier an.

Lineare Interpolation

Als Beispiel betrachte ich die folgende Φ(x)-Tabelle mit der Auflösung $\Delta x = 0.01$.

Φ(x)= NormSum(x)   NORM.VERT(x;0;1;1)

x	0	1	2	3	4	5	6	7	8	9
0,0	0,5000	0,5040	0,5080	0,5120	0,5160	0,5199	0,5239	0,5279	0,5319	0,5359
0,1	0,5398	0,5438	0,5478	0,5517	**0,5557**	**0,5596**	0,5636	0,5675	0,5714	0,5753
0,2	0,5793	0,5832	0,5871	0,5910	0,5948	**0,5987**	**0,6026**	0,6064	0,6103	0,6141
0,3	0,6179	0,6217	0,6255	0,6293	0,6331	0,6368	0,6406	0,6443	0,6480	0,6517

Gesucht sind:

$$\Phi(0.147) = ? \quad \text{sowie} \quad \Phi(x = ?) = 0.6000.$$

Aber eine Tabelle mit der höheren Auflösung $\Delta x = 0.001$ steht nicht zur Verfügung.

Hier hilft die *Lineare Interpolation* weiter. Sie unterstellt einen *linearen Verlauf* zwischen den beiden benachbarten Funktionswerten $(x_1|y_1)$---$(x_2|y_2)$ und benützt den *Strahlensatz.*

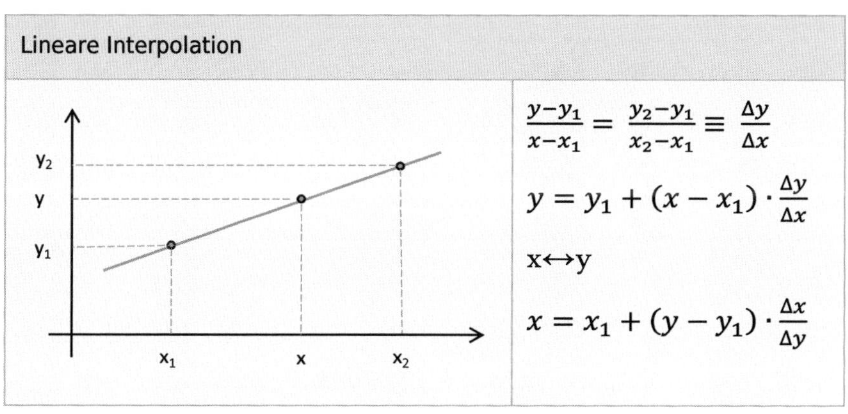

Damit kann man die oben gestellte Aufgabe lösen:

Lineare Interpolation y = Φ(x) = ?					
links		dazwischen		rechts	
x1=	0,14	x=	0,147	x2=	0,15
y1=	0,5557	**y=**	**0,5584**	y2=	0,5596

Lineare Interpolation Φ(x=?) = y					
links		dazwischen		rechts	
x1=	0,25	**x=**	**0,2533**	x2=	0,26
y1=	0,5987	y=	0,6000	y2=	0,603

Beim ersten Bsp erkennt man, dass $\frac{x-x_1}{x_2-x_1} = 0.7$ und rechnet mit dem TR einfach: $y = y_1 + 0.7 \cdot \Delta y$

Stetigkeitskorrektur

Tabellen für die äußerst wichtige Bin-Verteilung sind sehr aufwändig, weil es zwei Parameter p und n gibt. Oft ist nur eine geringe Genauigkeit gefordert und diskrete Bin-Werte können durch stetige Norm-Werte recht gut angenähert werden. Siehe auch → Abschnitt 3.9 *Große Zahlen*.

$$BinSum_{p;n}(k_1 \dots k_2) \xleftarrow[\mu = p \cdot n;\ \sigma = \sqrt{\mu \cdot (1-p)}]{}$$

$$\mathrm{NormSum}_{\mu;\sigma}(x_1 \dots x_2) = \Phi\left(\frac{x_2 - \mu}{\sigma}\right) - \Phi\left(\frac{x_1 - \mu}{\sigma}\right)$$

Es bleibt die Frage, wie die *NormSum*-Grenzen $x_{1;2}$ aus den gegebenen *BinSum*-Grenzen $k_{1;2}$ zu berechnen sind. Das folgende Bsp zeigt, dass $x_{1;2}=k_{1;2}$ kein gutes Näherungsergebnis liefert.

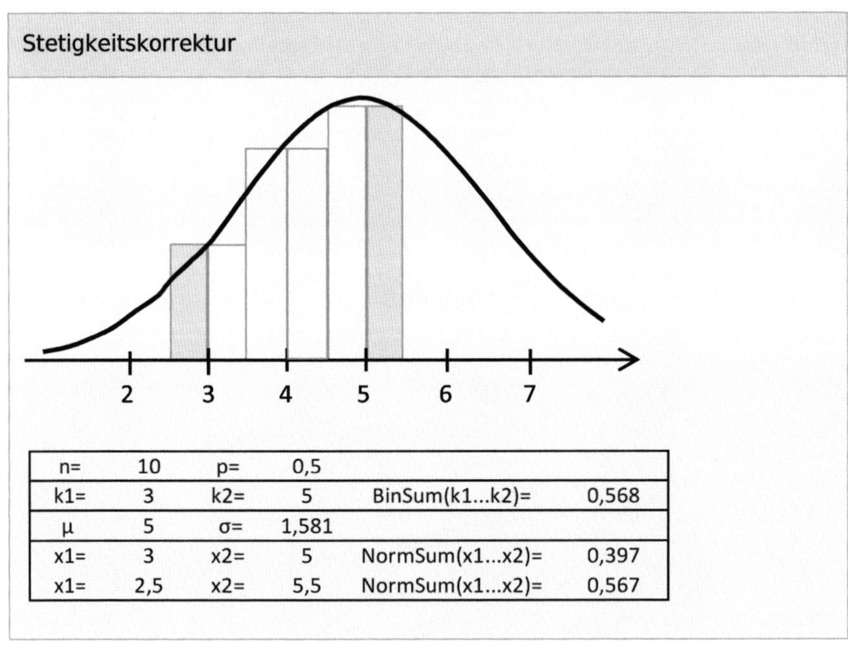

n=	10	p=	0,5		
k1=	3	k2=	5	BinSum(k1...k2)=	0,568
μ	5	σ=	1,581		
x1=	3	x2=	5	NormSum(x1...x2)=	0,397
x1=	2,5	x2=	5,5	NormSum(x1...x2)=	0,567

Die 3 Rechtecke $Bin(3) + Bin(4) + Bin(5)$ werden durch $NormSum(3 \dots 5)$ schlecht, aber durch $NormSum(2.5 \dots 5.5)$ besser angenähert. Dieses Erweitern um ∓ 0.5 nach links und rechts nennt man die *Stetigkeitskorrektur*.

CHIQU.INV(p;g) Bsp: CHIQU.INV(0.99;3)=11.34

	p									
g	0,005	0,01	0,025	0,05	0,10	0,90	0,95	0,975	0,99	0,995
1	0,000	0,000	0,001	0,004	0,016	2,71	3,84	5,02	6,63	7,88
2	0,010	0,020	0,051	0,103	0,211	4,61	5,99	7,38	9,21	10,60
3	0,07	0,11	0,22	0,35	0,58	6,25	7,81	9,35	11,34	12,84
4	0,21	0,30	0,48	0,71	1,06	7,78	9,49	11,14	13,28	14,86
5	0,41	0,55	0,83	1,15	1,61	9,24	11,07	12,83	15,09	16,75
6	0,68	0,87	1,24	1,64	2,20	10,6	12,6	14,4	16,8	18,5
7	0,99	1,24	1,69	2,17	2,83	12,0	14,1	16,0	18,5	20,3
8	1,34	1,65	2,18	2,73	3,49	13,4	15,5	17,5	20,1	22,0
9	1,73	2,09	2,70	3,33	4,17	14,7	16,9	19,0	21,7	23,6
10	2,16	2,56	3,25	3,94	4,87	16,0	18,3	20,5	23,2	25,2
11	2,60	3,05	3,82	4,57	5,58	17,3	19,7	21,9	24,7	26,8
12	3,07	3,57	4,40	5,23	6,30	18,5	21,0	23,3	26,2	28,3
13	3,57	4,11	5,01	5,89	7,04	19,8	22,4	24,7	27,7	29,8
14	4,07	4,66	5,63	6,57	7,79	21,1	23,7	26,1	29,1	31,3
15	4,60	5,23	6,26	7,26	8,55	22,3	25,0	27,5	30,6	32,8
16	5,14	5,81	6,91	7,96	9,31	23,5	26,3	28,8	32,0	34,3
17	5,70	6,41	7,56	8,67	10,09	24,8	27,6	30,2	33,4	35,7
18	6,26	7,01	8,23	9,39	10,86	26,0	28,9	31,5	34,8	37,2
19	6,84	7,63	8,91	10,12	11,65	27,2	30,1	32,9	36,2	38,6
20	7,43	8,26	9,59	10,85	12,44	28,4	31,4	34,2	37,6	40,0
22	8,6	9,5	11,0	12,3	14,0	30,8	33,9	36,8	40,3	42,8
24	9,9	10,9	12,4	13,8	15,7	33,2	36,4	39,4	43,0	45,6
26	11,2	12,2	13,8	15,4	17,3	35,6	38,9	41,9	45,6	48,3
28	12,5	13,6	15,3	16,9	18,9	37,9	41,3	44,5	48,3	51,0
30	13,8	15,0	16,8	18,5	20,6	40,3	43,8	47,0	50,9	53,7
40	20,7	22,2	24,4	26,5	29,1	51,8	55,8	59,3	63,7	66,8
50	28,0	29,7	32,4	34,8	37,7	63,2	67,5	71,4	76,2	79,5
60	35,5	37,5	40,5	43,2	46,5	74,4	79,1	83,3	88,4	92,0
70	43,3	45,4	48,8	51,7	55,3	85,5	90,5	95,0	100,4	104,2
80	51,2	53,5	57,2	60,4	64,3	96,6	101,9	106,6	112,3	116,3
90	59,2	61,8	65,6	69,1	73,3	107,6	113,1	118,1	124,1	128,3
100	67,3	70,1	74,2	77,9	82,4	118,5	124,3	129,6	135,8	140,2

T.INV(p;g) Bsp: T.INV(0.95;6)=1.94

	p				
g	0,90	0,95	0,975	0,99	0,995
1	3,08	6,31	12,71	31,82	63,66
2	1,89	2,92	4,30	6,96	9,92
3	1,64	2,35	3,18	4,54	5,84
4	1,53	2,13	2,78	3,75	4,60
5	1,48	2,02	2,57	3,36	4,03
6	1,44	1,94	2,45	3,14	3,71
7	1,41	1,89	2,36	3,00	3,50
8	1,40	1,86	2,31	2,90	3,36
9	1,38	1,83	2,26	2,82	3,25
10	1,37	1,81	2,23	2,76	3,17
11	1,36	1,80	2,20	2,72	3,11
12	1,36	1,78	2,18	2,68	3,05
13	1,35	1,77	2,16	2,65	3,01
14	1,35	1,76	2,14	2,62	2,98
15	1,34	1,75	2,13	2,60	2,95
16	1,34	1,75	2,12	2,58	2,92
17	1,33	1,74	2,11	2,57	2,90
18	1,33	1,73	2,10	2,55	2,88
19	1,33	1,73	2,09	2,54	2,86
20	1,33	1,72	2,09	2,53	2,85
22	1,32	1,72	2,07	2,51	2,82
24	1,32	1,71	2,06	2,49	2,80
26	1,31	1,71	2,06	2,48	2,78
28	1,31	1,70	2,05	2,47	2,76
30	1,31	1,70	2,04	2,46	2,75
40	1,30	1,68	2,02	2,42	2,70
50	1,30	1,68	2,01	2,40	2,68
60	1,30	1,67	2,00	2,39	2,66
100	1,29	1,66	1,98	2,36	2,63
200	1,29	1,65	1,97	2,35	2,60
500	1,28	1,65	1,96	2,33	2,59
...					
∞	1,28	1,64	1,96	2,33	2,58

Literatur

[1] Beyer u.a.: „Wahrscheinlichkeitsrechnung und Statistik“, Thun, Frankfurt/M.

[2] Blume: „Statistische Methoden für Ingenieure und Naturwissenschaftler“, VDI, Düsseldorf

[3] Bosch: „Elementare Einführung in die Wahrscheinlichkeitsrechnung“, Vieweg+Teubner, Wiesbaden

[4] Bosch: „Elementare Einführung in die angewandte Statistik“, Vieweg+Teubner, Wiesbaden

[5] Fisz: „Wahrscheinlichkeitsrechnung und mathematische Statistik“, DVW, Berlin

[6] Heinhold & Gaede: „Ingenieur-Statistik“, Oldenbourg, München

[7] Henze: „Stochastik für Einsteiger“, Vieweg+Teubner, Wiesbaden

[8] Krengel: „Einführung in die Wahrscheinlichkeitsrechnung und Statistik“, Vieweg+Teubner, Wiesbaden

[9] Kreyszig: „Statistische Methoden und ihre Anwendungen“, Vandenhoeck+Ruprecht, Göttingen

[10] Lipschutz: „Wahrscheinlichkeitsrechnung“, McGraw-Hill, New York

[11] Papula: „Mathematik für Ingenieure und Naturwissenschaftler“, Vieweg+Teubner, Wiesbaden, 6. Auflage, 2011.

[12] Pearson (1900): „On the criterion ...", Philosophical Magazine, Series 5. 50 (302), 157–75

[13] Spiegel: „Statistik“, McGraw-Hill, New York

[14] Stahel: „Statistische Datenanalyse“, Vieweg+Teubner, Wiesbaden

[15] Weber: „Einführung in die Wahrscheinlichkeitsrechnung und Statistik für Ingenieure“, Vieweg+Teubner, Stuttgart

[16] https://de.wikipedia.org/wiki/Ziegenproblem (abgerufen am 15.04.2020)